海洋经济可持续发展丛书

国家自然科学基金项目（41501594，41771159）
教育部人文社会科学重点研究基地重大项目（16JJD790021）
中国博士后科学基金面上资助项目（2014M561248）

围填海格局变动下海域承载力评价及预警研究

柯丽娜　韩增林　王权明 等 / 著

科 学 出 版 社
北 京

内 容 简 介

本书选择辽宁省锦州湾附近海域为研究对象，利用多源遥感数据，深入分析围填海空间格局演变特征，建立基于海洋功能区划的海域承载力计算方法，探讨围填海时空格局变化对海域承载力的影响及其作用机制，识别不同围填海利用类型对海域承载力的影响，并模拟未来海域空间发展格局，以资源环境承载力来合理约束控制围填海有序开发，并对承载力进行预测预警，为合理控制围填海规模提供一定的科学依据，为维护海岸带资源环境可持续利用提供技术支撑。

本书可为海洋功能区划、海洋经济发展、海洋环境保护、海岸带资源开发等领域的决策者、研究者和管理人员提供参考，也可作为高等院校相关专业师生的参考用书。

图书在版编目（CIP）数据

围填海格局变动下海域承载力评价及预警研究 / 柯丽娜等著. —北京：科学出版社，2018.4

（海洋经济可持续发展丛书）

ISBN 978-7-03-056852-6

Ⅰ. ①围… Ⅱ. ①柯… Ⅲ. ①海域-承载力-预测-研究 Ⅳ. ①X145

中国版本图书馆 CIP 数据核字（2018）第 048881 号

责任编辑：石 卉 李世霞 / 责任校对：彭珍珍

责任印制：张欣秀 / 封面设计：有道文化

科学出版社 出版

北京东黄城根北街 16 号

邮政编码：100717

http：//www.sciencep.com

北京建宏印刷有限公司 印刷

科学出版社发行 各地新华书店经销

*

2018 年 4 月第 一 版 开本：B5（720×1000）

2018 年 4 月第一次印刷 印张：10 3/8 插页：3

字数：169 000

定价：78.00 元

（如有印装质量问题，我社负责调换）

“海洋经济可持续发展丛书”
专家委员会

本书编委会

柯丽娜　韩增林　王权明
李永化　孙才志　王　辉

丛 书 序

浩瀚的海洋，被人们誉为生命的摇篮、资源的宝库，是全球生命保障系统的重要组成部分，与人类的生存、发展密切相关。目前，人类面临人口、资源、环境三大严峻问题，而开发利用海洋资源、合理布局海洋产业、保护海洋生态环境、实现海洋经济可持续发展是解决上述问题的重要途径。

2500 年前，古希腊海洋学者特米斯托克利（Themistocles）就预言："谁控制了海洋，谁就控制了一切。"这一论断成为 18～19 世纪海上霸权国家和海权论者最基本的信条。自 16 世纪地理大发现以来，海洋就被认为是"伟大的公路"。20 世纪以来，海洋作为全球生命保障系统的基本组成部分和人类可持续发展的宝贵财富而具有极为重要的战略价值，已为世人所普遍认同。

中国是一个海洋大国，拥有约 300 万平方千米的海洋国土，约为陆地国土面积的 1/3。大陆海岸线长约 1.84 万千米，500 平方米以上的海岛有 6500 多个，总面积约 8 万平方千米；岛屿岸线长约 1.4 万千米，其中约 430 个岛有常住人口。沿海水深在 200 米以内的大陆架面积有 140 多万平方千米，沿海潮间带滩涂面积有 2 万多平方千米。辽阔的海洋国土蕴藏着丰富的资源，其中，海洋生物物种约 20 000 种，海洋鱼类约 3000 种。我国滨海砂矿储量约 31 亿吨，浅海、滩涂总面积约 380 万公顷，0～15 米浅海面积约 12.4 万平方千米，按现有科学水平可进行人工养殖的水面约 260 万公顷。我国海域有 20 多个沉积盆地，面积近 70 万平方千米，石油资源量约 240 亿吨，天然气资源量约 14 亿立方米，还有大量的可燃冰资源，就石油资源来说，仅在南海就有近 800 亿吨油当量，相当于全国石油总量的 50%。我国沿海共有 160 多处海湾、400 多千米深水岸线、60 多处深水港址，适合建设港口来发展海洋运输。沿海地区共有 1500 多处旅游景观资源，适合发展海洋旅游业。此外，在国际海底区域我国还拥有分布在太平洋的 7.5 万平方千米多金属结核矿区，开发前景十分广阔。

虽然我国资源丰富，但我国也是一个人口大国，人均资源拥有量不高。据统计，我国人均矿产储量的潜在总值只有世界人均水平的 58%，35 种重要矿产资源的人均占有量只有世界人均水平的 60%，其中石油、铁矿只有世界人均水平的 11%和 44%。我国土地、耕地、林地、水资源人均水平与世界人均水平相比差距更大。陆域经济的发展面临着自然资源禀赋与环境保护的双重压力，向海洋要资源、向海洋要空间，已经成为缓解我国当前及未来陆域资源紧张矛盾的战略方向。开发利用海洋，发展临港经济（港）、近海养殖与远洋捕捞（渔）、滨海旅游（景）、石油与天然气开发（油）、沿海滩涂合理利用（涂）、深海矿藏勘探与开发（矿）、海洋能源开发（能）、海洋装备制造（装）以及海水淡化（水）等海洋产业和海洋经济，是实现我国经济社会永续发展的重要选择。因此，开展对海洋经济可持续发展的研究，对实现我国全面、协调、可持续发展将提供有力的科学支撑。

经济地理学是研究人类地域经济系统的科学。目前，人类活动主要集聚在陆域，陆域的资源、环境等是人类生存的基础。由于人口的增长，陆域的资源、环境已经不能满足经济发展的需要，所以提出“向海洋进军”的口号。通过对全国海岸带和海涂资源的调查，我们认识到必须进行人海关系地域系统的研究，才能使经济地理学的理论体系和研究内容更加完善。辽宁师范大学在 20 世纪 70 年代提出把海洋经济地理作为主要研究方向，至今已有 40 多年的历史。在此期间，辽宁师范大学成立了专门的研究机构，完成了数十项包括国家自然科学基金、国家社会科学基金在内的研究项目，发表了 1000 余篇高水平科研论文。2002 年 7 月 4 日，教育部批准“辽宁师范大学海洋经济与可持续发展研究中心”为教育部人文社会科学重点研究基地，这标志着辽宁师范大学海洋经济的整体研究水平已经居于全国领先地位。

辽宁师范大学海洋经济与可持续发展研究中心的设立也为辽宁师范大学海洋经济地理研究搭建了一个更高、更好的研究平台，使该研究领域进入了新的发展阶段。近几年，我们紧密结合教育部基地建设目标要求，凝练研究方向、精炼研究队伍，希望使辽宁师范大学海洋经济与可持续发展研究中心真正成为国家级海洋经济研究领域的权威机构，并逐渐发展成为“区域海洋经济领域的新型智库”与“协同创新中心”，成为服务国家和地方经济社会发展的海洋区域科学领域的学术研究基地、人才培养基地、技术交流和资料信息建设基地、咨询服务中心。目前，这些目标有的已经实现，有的正在逐步变为现实。经过多年的发展，辽宁师范大学海洋经济与可持续发展研究中心已经形成以下几个稳定的研究方向：①海洋资源开发与可持续发展研究；②海洋产业发展与布局研究；③海岸带海洋环境与经济的耦合关系研究；④沿海港口及城市经济研究；⑤海岸带海洋资源与环境的信息化研究。

党的十八大报告提出，要提高海洋资源开发能力，发展海洋经济，保护海洋生态环境，坚决维护国家海洋权益，建设海洋强国。当前，我国经济已发展成为高度依赖海洋的外向型经济，对海洋资源、空间的依赖程度大幅提高，今后，我国必将从海洋资源开发、海洋经济发展、海洋科技创新、海洋生态文明建设、海洋权益维护等多方面推动海洋强国建设。

“可上九天揽月，可下五洋捉鳖”是中国人民自古以来的梦想。“嫦娥”系列探月卫星、“蛟龙号”载人深潜器，都承载着华夏子孙的追求，书写着华夏子孙致力于实现中华民族伟大复兴的豪迈。我们坚信，探索海洋、开发海洋，同样会激荡中国人民振兴中华的壮志豪情。用中国人的智慧去开发海洋，用自主创新去建设家园，一定能够让河流山川与蔚蓝的大海一起延续五千年中华文明，书写出无愧于时代的宏伟篇章。

“海洋经济可持续发展丛书”专家委员会主任

辽宁师范大学校长、教授、博士生导师

韩增林

2017 年 3 月 27 日于辽宁师范大学

前　言

围填海是人类开发利用海洋空间资源的一种重要活动，是沿海地区向海洋要空间，缓解陆地资源紧张、促进社会经济发展的一个重要选择。大规模围填海活动在提供大量发展空间、产生巨大经济效益的同时，对海岸带生态系统和环境造成了严重的负面影响。大量的研究表明，大规模围填海等海洋开发利用是造成海岸带水动力和沉积环境改变、海湾面积变小、环境容量降低、海岸带环境恶化、岸线曲折率降低、滨海湿地面积萎缩、生境退化、生物多样性下降的主要原因之一。资源和环境的承载力是有上限的，当突破了环境的合理容量和资源上限要求时，将最终导致区域发展的崩溃。因此，探索围填海等大规模海洋开发利用、海岸空间格局改变引起的海洋资源环境问题，以及对海洋资源环境承载能力的影响和作用机制，研究满足人海协调发展的围填海等大规模海域和海域利用的适应性规模以及海洋资源环境承载能力的评价方法，是化解海洋资源开发与海洋环境保护之间矛盾的科学途径，是当前我国海洋经济发展中亟待解决的科学问题，具有重要的理论和现实意义。

资源环境承载力作为衡量人地关系协调发展的重要依据，是建立实施以生态系统为基础的海洋区域管理模式的重要理论依据。探讨以资源环境承载力为约束，研究围填海时空格局变化对海岸带资源环境承载力的影响及其作用机制，并对海洋资源环境承载力进行预测预警，是解决海洋资源开发与海洋环境保护之间矛盾的有效途径，其主要研究意义体现在：①“可承载”是“可持续”的基础和表现形式，承载力理论和方法研究为可持续发展理论应用于具体实践提供了理论基础和技术手段。探索建立基于陆海统筹的海岸带资源环境承载力评价及预警方法，研究围填海时空格局变化对海岸带资源环境承载力的影响及其作用机制，为界定资源环境承载状况受干扰极限提供可参考的科学方法，对于可持续发展理论与技术方法具有重要的补充意义。②拟确定的海岸带资源环境承载力评价及预警方法，有望将围填海对生态环境影响由定性化分析推向定量化研究，从而指导海洋资源开发利用管理、推动我国海岸空间资源的集约使用，对海岸带地区可持续发展的国土开发政策制定具有重要的参考意义。

本书共有八章，第一章绪论部分，由柯丽娜、王权明、李永化执笔；第二章相关问题研究进展，由杜家伟、庄涵月、史静执笔；第三章研究区概况及研究方法，从自然地理及社会经济两方面阐述研究区概况，并概略介绍本书所采用的研究方法，由董颖娜、史静执笔；第四章基于面向对象的遥感影像围填海信息提取，详细介绍基于面向对象的高分辨率遥感影像围填海信息提取的过程，由黄小露、庞琳执笔；第五章围填海时空演变分析，介绍海岸线时空演变及围填海空间格局变化的分析方法，由杜家伟、曹君执笔；第六章基于陆海统筹的海域开发格局动态模拟，在 CLUE-S 模型的基础上对海域空间格局动态模拟，由韩旭、张俊丽执笔；第七章基于 GIS 的水环境容量及水环境质量评价，详细介绍了在 GIS 的基础上对水环境容量进行计算的过程，并基于 GIS 建模对海水环境质量进行可变模糊识别评价，由柯丽娜、张一民、王辉执笔；第八章围填海作用下海域承载力评价与预警，对围填海格局变动下的海域承载力进行评价及预警，由韩增林、武红庆、孙才志执笔。

本书的出版得到了国家自然科学基金项目（41501594，41771159）、教育部人文社会科学重点研究基地重大项目（16JJD790021）、中国博士后科学基金面上项目（2014M561248）的资助，十分感谢。同时本书在数据收集、整理过程中得到了辽宁师范大学、国家海洋环境监测中心、大连理工大学、中国科学院地理科学与资源研究所等单位的全力支持与协调。硕士研究生黄小露、韩旭、杜家伟、董颖娜、武红庆、庞琳、阴曙升、史静、庄涵月在数据收集与处理、制图、文稿编辑与整理方面做了大量的工作，谨向他们的辛苦工作表示真诚的感谢。虽然笔者在书中对所引用的参考文献资料做了详细的标明，但唯恐有挂一漏万之处，敬请多加包涵。由于笔者水平有限，书中不足之处在所难免，敬请各位专家、同行批评指正。

柯丽娜

2018年1月17日

目　　录

第一章

绪论

为了扩大社会生存和发展空间，世界沿海地区通过围填海来解决日益严峻的“土地赤字”问题的做法非常普遍。荷兰通过自 16 世纪以来的三次围垦高潮，将大量海岸湿地和河口地区转变成了农业和工业用地，目前荷兰 26%的国土位于海平面以下（Zacarias et al.，2011）；日本东京湾（Sangrul et al.，2009）、埃及尼罗河三角洲（Naser，2011）等地也都进行过大规模填海造陆活动。近年来中国沿海经济带迅速发展，沿海地区土地资源的稀缺促进了填海造陆活动的不断开展，并呈现出速度快、面积大、范围广的发展趋势（Mu et al.，2012；张光玉等，2013；武芳等，2013；柯丽娜等，2011）。根据历年国家海洋局《海域使用管理公报》统计，2002～2015 年，全国累计围填海面积达 14.49 万公顷，其中“十二五”期间，全国累计围填海面积达 5.65 万公顷，年均围填海造陆面积 1.13 万公顷。填海造陆在增加陆域资源的同时也对生态环境和社会生产产生了深远的影响，对填海造陆的监测和研究成为现实需要（宋红丽和刘兴土，2013；索安宁等，2012；朱高儒和许学工，2012；韩增林等，2006）。

目前国内对围填海的研究，主要是针对特定单项工程项目的评价，还缺乏对海域多项围填海工程影响累积效应的科学研究。围填海不同强度与空间格局对海洋生态系统的影响和作用机制，什么情况下将超过海洋资源环境的承载极限值，导致对海洋生态环境严重的破坏，这些问题一直还比较模糊。20 世纪末期，以人口、资源、环境与发展为核心的人地关系（man-land relation）综合研究成为资源科学研究一个重要的科学命题，与可持续发展的资源环境基础评价密切相关的资源、环境承载力（carrying capacity）研究广泛开展。资源环境承载力作为衡量人地关系协调发展的重要判据，已成为国家规划与区域发展的科学基础和核心指标之一。2013 年《中共中央关于全面深化改革若干重大问题的决定》关于加快生态文明制度建设方面提出“建立资源环境承载能力监测预警机制，对水土资源、环境容量和海洋资源超载区域实行限制性措施”，推动形成人与自然和谐发展现代化建设新格局。

因此，在发展海洋经济、建设海洋强国过程中，科学评价海洋资源承载能力，探讨围填海时空格局变化对海域承载力的影响及其作用机制，以海域承载力为约束，对不同围填海空间发展格局管理预案下的海域承载力进行预测预警，合理指导围填海开发规模和进程，有望为围填海对海域资源环境影响研究提供一种技术方法，为海岸带可持续发展对策制定提供科学依据。

辽宁省锦州湾是一个半封闭的海湾，生态系统相当脆弱，围填海活动直接破坏了锦州湾海岸线附近海洋生物的栖息环境，造成围填海区附近海洋生物大批死亡，生态持续处于亚健康状态，因此本书选择锦州湾及其附近海域作为研究区域，探讨围填海时空格局变化对海域承载力的影响及其作用机制，以海域承载力为约束，对不同围填海空间发展格局管理预案下的海域承载力进行预测预警，合理指导围填海开发规模和进程，有望为围填海对海域资源环境影响研究提供一种技术方法，为海岸带可持续发展对策制定提供科学依据。

借助遥感（RS）技术与野外调查、室内分析、数据模拟方法，以建立资源环境承载力约束下的围填海控制为核心，拟开展以下几个方面的研究。

1. 围填海及其对资源环境承载力的影响机制研究

基于 RS 调查、资料收集、现场观测，对围填海空间格局进行分析，结合区域资源环境数据库，研究围填海格局变化对海洋资源、生态、环境造成的影响，重点从海洋资源的消耗、环境容量改变、滩涂湿地生态功能与空间变化等角度分析围填海活动对区域资源环境承载力造成的影响，并分析围填海对缓解区域海域开发压力的支撑作用。

2. 基于陆海统筹的资源环境承载力模糊评价及承载力演变分析

结合研究区地域特性、资源特性、环境特性及社会特性，借鉴海域资源环境承载力的评价方法，陆海统筹，综合考察围填海格局变化对海洋资源、生态、环境造成的影响，从环境容量、国土空间资源、海洋灾害状况、经济损益等方面考虑，构建基于陆海统筹的资源环境承载力评价的指标体系，建立基于陆海统筹的资源环境承载力模糊评价方法。并在此基础上，利用 RS 技术、现场调查数据和历史环境监测数据（沉积环境数据、水环境数据、生态景观数据等），分析典型研究区资源环境承载力的历史演变趋势。

3. 围填海格局变化与资源环境承载力关系研究

对历史时期围填海与资源环境承载力指标之间的相关性、围填海强度与资源环境承载力指数之间的定量化（线性、非线性）关系进行分析，识别围填海对资源环境承载力影响的典型敏感性因子，优化资源环境承载力评价指标、模型，构建围填海强度与海岸带资源环境承载力指数之间的关系模型，合理确定海岸带资源环境承载能力评价预警分级标准,进一步确定围填海规模控制水平，分析各不同时期围填海安全规模。

4. 围填海空间布局动态模拟及海岸带资源环境承载力预警研究

以围填海资源供给能力为限制条件，以围填海多因素需求为驱动力，利用 CLUE-S（conversion of land use and its effects at small region extent）模型对未来 10 年不同情境下典型研究区围填海空间布局类型、面积分布进行动态模拟，并利用海岸带资源环境承载力综合评价模型，分析研究区未来资源环境承载能力的演化过程，对不同围填海工况下的海岸带资源环境承载力状况进行预警分析，据此，提出围填海控制管理对策，给出围填海开发与保护管理的指导性建议。

本书的研究技术路线图见图 1.1。

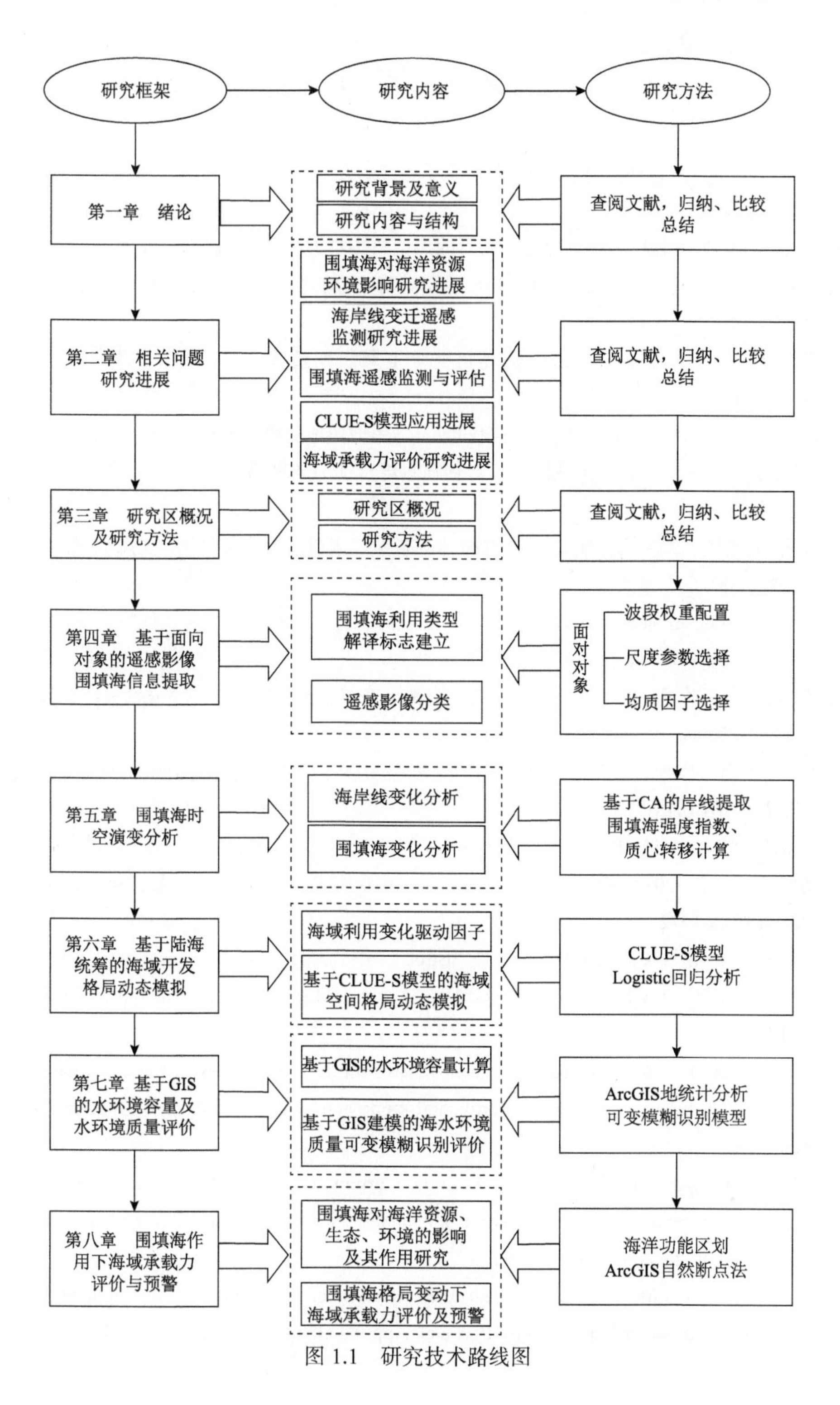
研究框架
研究内容
研究方法
第一章 绪论
研究背景及意义
研究内容与结构
查阅文献，归纳、比较总结
第二章 相关问题研究进展
围填海对海洋资源环境影响研究进展
海岸线变迁遥感监测研究进展
围填海遥感监测与评估
CLUE-S模型应用进展
海域承载力评价研究进展
查阅文献，归纳、比较总结
第三章 研究区概况及研究方法
研究区概况
研究方法
查阅文献，归纳、比较总结
第四章 基于面向对象的遥感影像围填海信息提取
围填海利用类型解译标志建立
遥感影像分类
面对对象
波段权重配置
尺度参数选择
均质因子选择
第五章 围填海时空演变分析
海岸线变化分析
围填海变化分析
基于CA的岸线提取
围填海强度指数、
质心转移计算
第六章 基于陆海统筹的海域开发格局动态模拟
海域利用变化驱动因子
基于CLUE-S模型的海域空间格局动态模拟
CLUE-S模型
Logistic回归分析
第七章 基于GIS的水环境容量及水环境质量评价
基于GIS的水环境容量计算
基于GIS建模的海水环境质量可变模糊识别评价
ArcGIS地统计分析
可变模糊识别模型
第八章 围填海作用下海域承载力评价与预警
围填海对海洋资源、生态、环境的影响及其作用研究
围填海格局变动下海域承载力评价及预警
海洋功能区划
ArcGIS自然断点法

图 1.1 研究技术路线图

参 考 文 献

付元宾, 曹可, 王飞, 等. 2010. 围填海强度与潜力定量评价方法初探. 海洋开发与管理, 27(1): 27-30.

韩增林, 狄乾斌, 刘锴. 2006. 海域承载力的理论与评价方法. 地域研究与开发, 25(1): 1-5.

黄少峰, 刘玉, 李策, 等. 2011. 珠江口滩涂围垦对大型底栖动物群落的影响. 应用与环境生物学报, 17(4): 499-503.

柯丽娜, 王权明, 宫国伟. 2011. 海岛可持续发展理论及其评价研究. 资源科学, 33(7): 1304-1309.

宋红丽, 刘兴土. 2013. 围填海活动对我国河口三角洲湿地的影响. 湿地科学, 11(2): 297-304.

宋威娇. 2012. 威海中心渔港围海工程对葡萄滩湾水动力环境影响的研究. 中国海洋大学硕士学位论文.

孙永光, 赵冬至, 郭文永, 等. 2013. 红树林生态系统遥感监测研究进展. 生态学报, 33(15): 4523-4538.

索安宁, 张明慧, 于永海, 等. 2012. 曹妃甸围填海工程的海洋生态服务功能损失估算. 海洋科学, 36(3): 108-114.

武芳, 苏奋振, 平博, 等. 2013. 基于多源信息的辽东湾顶东部海岸时空变化研究. 资源科学, 35(4): 875-884.

尹聪, 褚宏宪, 尹延鸿. 2012. 曹妃甸填海工程阻断浅滩潮道中期老龙沟深槽的地形变化特征. 海洋地质前沿, 28(5): 15-19.

张光玉, 白景峰, 余航. 2013. 渤海湾典型海岸带综合承载力预测评估. 北京: 海洋出版社.

朱高儒, 许学工. 2012. 渤海湾西北岸 1974～2010 年逐年填海造陆进程分析. 地理科学, 32(8): 1006-1012.

Mu J B, Huang S C, Lou H F. 2012. Effects of the large-scale reclamation project on hydro-dynamic environment in the estuary. Applied Mechanics and Materials, 226-228(1): 2317-2322.

Naser H A. 2011. Effects of reclamation on macrobenthic assemblages in the coastline of the Arabian Gulf: A microcosm experimental approach. Marine Pollution Bulletin, 62(3): 520-524.

Sangrul P, Jonghyeob K, Kang C K, et al. 2009. Current status and ecological roles of Zostera marina after recovery from large-scale reclamation in the Nakdong River estuary, Korea. Estuarine Coastal and Shelf Science, 81(1): 38-48.

Zacarias D A, Williams A T, Newton A. 2011. Recreation carrying capacity estimations to support beach management at Praia de Faro, Portugal. Applied Geography, 31(3): 1075-1081.

第二章

相关问题研究进展

第一节 围填海对海洋资源环境影响研究进展

围填海作为人类开发利用海岸带资源的一种重要方式，国内外学者从不同角度开展了围填海对海洋资源环境影响的研究。总体来看，目前的研究工作主要集中在以下两个方面：一是从滨海湿地演变、景观格局、近岸海域生态系统、生态价值损失及补偿等方面探讨围填海活动开展后对滨海湿地、景观及岸滩变迁的影响，研究其原因和机理；二是将水动力和沉积环境结合起来研究围填海对海湾、滨海湿地等生境地形地貌的影响，集中在泥沙来源、底质沉积特性和冲淤演变等方面。

一、围填海对滨海湿地生态系统、湿地景观影响研究

围填海活动是滨海湿地演化的重要驱动力，围填海对滨海生态系统最直观的影响是占据海岸带空间，通过滨海带滩涂围垦、城市化、道路建设等，致使海域面积减少、岸线资源缩减、海岸线走向趋于平直、海岸结构发生变化、滨海湿地面积缩减等，直接或间接改变着滨海湿地生态系统结构和格局。大规模围填海活动不仅改变了湿地本身的性质，而且可能影响整个湿地生态系统格局（Park et al.，2009；宋红丽和刘兴土，2013；Aiello et al.，2013；孙永光等，2013）。通过经验模型、统计模型对滨海湿地生态格局演变及其驱动力进行的分析是重要的研究主题（索安宁等，2012；Mao et al.，2010）。RS 技术与地理信息系统（GIS）技术的出现，使得从大尺度上认识湿地生态系统结构空间分布、配置及其动态特征成为可能（朱高儒和许学工，2012；武芳等，2013；孙永光等，2011），尤其元胞自动机（cellular automata）等理论的提出为进一步探讨景观尺度上湿地生态系统的演化提供了新的研究思路，学者已在模拟、评估和综合法等方面开展了大量工作（Dai et al.，2013；

宋威娇，2012）。

围填海对湿地生物多样性和生态系统的影响方面的研究，更加侧重于探索围填海的生态环境效应。围填海往往会造成河口、海湾潮流动力减弱，另外海洋取土、吹填、掩埋等围填海处理方式，也改变了海洋物理化学环境，往往会引起附近海区浮游植物、浮游动物、底栖生物生物多样性降低、群落结构改变。黄少峰等（2011）指出围填海工程往往会使围垦区内的动物群落优势品种发生演替，围垦区外的自然滩涂物种数量、底栖生物密度往往要大于围垦区内。Naser（2011）对阿拉伯湾的研究表明，填埋对底栖生物的生存力影响存在一定的种间差异，但其存活率至少都降低50%，此外，高浓度悬浮物同样会造成底栖生物的间接损失。Eriksson（2014）在对瓦登海海岸的围填海对大型底栖生物群落影响的系统调查基础上认为，在围填海邻近区域，底栖生物种类和丰度都显著降低，而在远离围填海区域则显著增加，说明围填海对底栖生物群落结构产生了显著的破坏效应。马田田等（2015）对1990～2008年的滨海湿地研究表明，围填海活动是造成滨海湿地减少的主要因素，威胁滨海湿地的生境类型和生态系统服务，北方滨海潮间滩涂和南方红树林等是滨海湿地减少的典型区域。于淑玲等（2015）研究了大规模的围填海工程对沿海地区的影响，得出围填海工程的有利方面是缓解土地供求矛盾，促进当地经济发展，负面影响是给滨海湿地生态环境带来了巨大的压力，使近海湿地丧失、斑块化，并导致生物多样性消失。宋红丽和刘兴土（2013）在围填海对我国典型河口三角洲（辽河三角洲、黄河三角洲、长江三角洲、珠江三角洲）滨海湿地生态系统影响研究的基础上得出，围填海占据湿地演化带空间，使湿地面积减少直接或间接改变着三角洲地区滨海湿地生态系统的格局。徐东霞和章光新（2007）研究表明，由于人类干扰活动不断增强，滨海湿地面临着被过度利用以及浅海污染的问题，表现在湿地生态系统质量下降、生产能力下降，水文调节、水质净化等功能日益减弱。

二、围填海对近岸海域水沙动力环境影响研究

大规模围填海活动通过海堤建设改变局地海岸地形，影响着围填海区附近

海域的潮汐、波浪等水动力条件，导致水动力和泥沙运移状况发生变化，并形成新的冲淤变化趋势，从而对围填海附近的海岸、海底地形、港口航道、河口、海湾纳潮量等带来影响。鲍献文等（2005）采用数据分析和数值模拟相结合的方法，对威海中心渔港围填海工程建设前后水动力环境和冲淤环境变化进行研究，发现威海中心渔港围填海工程改变了葡萄滩湾内的潮流运动规律，潮流动力明显减弱是造成葡萄滩湾冲淤环境改变的根本原因。尹延鸿（2009）利用测深剖面资料分析得出，曹妃甸围填海工程大规模从海中抽沙取土填海，是造成老龙沟深槽局部加深的主要原因。陆荣华等（2011）对厦门湾五个典型历史时期潮流场的模拟计算表明，围填海工程对厦门湾潮流动力具有显著的影响，其导致海湾纳潮量明显减少。国外的相关研究结果也表明大规模围垦工程改变了海洋水动力环境，使潮汐壅水减小、潮差扩大，低潮滩的沉积过程发生了重大变化。Naser（2011）通过实验证明阿拉伯湾大规模围垦工程对该海域大型底栖动物群落有明显影响。Mu 等（2012）主要从分潮潮波分布、潮流场、高低潮位以及纳潮量四个方面探讨了大型围填海工程对附近水动力环境的影响。聂红涛和陶建华（2008）对渤海湾围海造陆工程实施前后纳潮量的变化以及变化后对海湾生态环境的影响进行研究，结果表明纳潮量减少使海底底质发生改变，影响底栖生物生存环境，污染物扩散困难且近岸海域水质恶化，同时对港口航运造成影响。王勇智等（2015）对渤海湾沿岸快速城市化产生的岸线变化研究表明，近十年来大规模的围填海活动导致湾内环流涡旋增多、湾内水交换流场结构发生变化，表现在水交换率下降，这对改善区域水质十分不利。穆锦斌等（2013）通过海堤建设等围垦工程对局部地形改变的研究得出，围垦工程对附近海域潮汐和流速等水动力特性有明显影响，表现为泥沙运移发生变化，从而对围垦区附近的河口河势、港口航道、河道排洪、纳潮量等带来影响。刘仲军等（2012）对南港围填海工程的研究结果表明，围填海工程实施不但对工程内部及其外侧水域产生影响，还对已有的航道、临港工业区等产生一定的影响。

综合而言，目前国内外对生境格局、环境功能影响过程的研究往往将围填海作为特定单项工程进行评价，缺乏对海域整体多项围填海工程影响累积效应的研究，这样往往会使单一的围填海项目环境评价能达到要求，而整体上却远超过海域环境的负载能力，给海洋生态环境带来隐患。因此阐明围填海对近岸海域资源承载力演变的作用机制，揭示围填海时空格局变化对海域承载力的影响，以承载力来约束围填海扩展，避免使围填海超过环境的负载能力，从而给海洋生态环境带来隐患，是该研究领域中需要解决的问题。

第二节　海岸线变迁遥感监测研究进展

一、海岸线分类

海岸在形成和发育的过程中，由于受到海浪、潮汐、地壳运动、海平面变化、地质构造、地貌特征、入海河流、生物以及人类活动等诸多因素的影响，不同的海岸线类型呈现出不同的形态特征。目前，对于海岸线的类型划分还没有统一的标准，参考相关海岸线定义及类型划分的研究内容（Mu et al.，2012；刘百桥等，2015；李行等，2014；杨磊等，2014；高义等，2013；于永海等，2003），以及各类型海岸线的特征结构，将海岸线类型划分为自然岸线和人工岸线两大类，自然岸线和人工岸线又进一步划分为 10 个二级类型（表 2.1）。

表 2.1　海岸线分类体系

一级编码	一级分类	二级编码	二级分类	说明	图解
1	自然岸线	11	基岩岸线	岸线较曲折且不规则，呈锯齿状分布。其在影像中有明显的起伏状态和岩石构造，位置界定在水陆分界线上	
		12	砂质岸线	岸线比较平直，受海水搬运沉积作用影响，形成一条与岸线平行的砂质沉积带。其在影像中呈亮白色，位置界定在干燥滩面与陆域交界处	

续表

一级编码	一级分类	二级编码	二级分类	说明	图解
1	自然岸线	13	淤泥质岸线	岸线平直，潮间带宽而平缓。其在影像中色调较沙滩暗，有潮沟发育，位置界定在有痕迹线前段向海一侧外边界	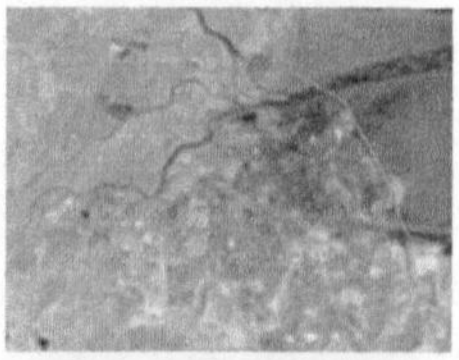
		14	河口岸线	若有明确的河海分界线，则以该线为河口岸线；若没有明显的分界线，则以最靠近河口的防潮闸或者跨河桥梁为河口岸线	
2	人工岸线	21	养殖围堤	岸线平直，地状物呈长条状，空间集中分布，布局规则。其在影像中轮廓清楚，边界明显，位置界定在向海一侧的外边缘	
		22	盐田围堤	岸线平直，地状物呈规则小型方块状，大面积连续分布。其在影像中呈亮白色，位置界定在向海一侧外边缘	
		23	农田围堤	岸线平直，地状物规则分布。其在影像中一般与邻近耕地衔接，纹理均匀，位置界定在向海一侧外边缘	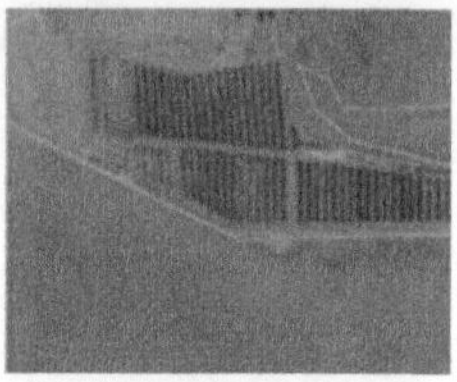
		24	建设围堤	岸线较平直，地状物包含矿区、油田和景观等人工建筑。其在影像中呈白色或灰色，与城市衔接，位置界定在向海一侧外边缘	
		25	港口码头岸线	岸线较平直，地状物分布不均匀。其在影像中多呈白色，明显细条状突出，边缘呈锯齿状，位置界定在向海一侧外边缘	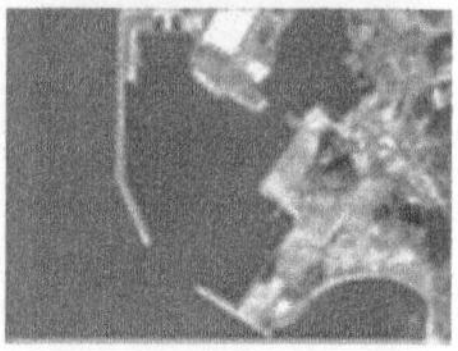

续表

一级编码	一级分类	二级编码	二级分类	说明	图解
2	人工岸线	26	交通围堤	岸线较平直，部分岸段弯曲，地状物分布不均。其在影像中呈线状分布，位置界定在向海一侧外边缘	

二、海岸线遥感提取方法

长期以来，根据提取对象与方法的不同海岸线提取工作大体可分为两个方向:其一是利用遥感影像通过计算机自动提取瞬时水边线代替海岸线进行研究，其不是严格意义上的海岸线；其二是严格按照海岸线定义通过目视解译提取海岸线在影像上的位置。

在自动提取瞬时水边线方面，冯兰娣等（2002）使用高斯函数的一阶导数作为小波变换函数的核函数，对黄河三角洲 Landsat TM 近红外遥感图像做小波变换后，通过检测小波变换模式的极值点得到图像岸线的候选边缘点，然后经过滤波得到图像的边缘。王李娟等（2010）以黄河三角洲为研究区，利用 ETM 遥感数据，运用边缘检测方法中的 Sobel 算法和改进的归一化差异水体指数法（Modified Normalized Difference Water Index，MNDWI）两种方法对研究区的人工海岸和淤泥质海岸进行海岸线提取研究，并验证评价了海岸线的提取效果。李洪忠等（2009）利用 SAR 图像的地理信息，与基于地理先验信息的海洋区域矢量图层相叠加，将对 SAR 图像的海陆分割问题转换为对矢量图层中多边形矢量元素区域的判断，并使海陆分割问题实现了自动化。徐涵秋和唐菲（2013）提出了 MNDWI，将 NDWI 指数中的近红外波段替换为中红外波段，从而有利于水体专题信息的准确提取。董保根等（2012）提出了一种基于离散 LiDAR 点云提取有地形约束海岸线的方法，通过离散点云构建约束三角网，然后进行顾及地形结构的点云高程修正，最后采取二次多项式法消除毛刺，利用动态阈值张力样条函数内插生成光滑海岸线。张鹏和王金城（2003）利用基于局部统计特性的自适应滤波算法对 SAR 图像进行滤波，利用 SWT 对 SAR 图像进行分析处理，计算 SWT 系数的小波梯度信息，通过模极大值搜索检测边缘点，最后利用阈值化和形态学方法对局部极大值图像进行细化处理。Ahmad 和 Lakhan（2012）提出了利用干涉测量法对 SAR 图像进行校正，并在此基础上对岸线进行精确提取，其主要思路是在图像上检测到干涉值梯度的变化位置，从而使图像上显示出连续的陆地和不连续的水体间的界线。Kurt 等（2010）提出了一种高精度的从 Landsat TM 及 ETM+影像上检测岸线的几何方法，此方法是基于影像几何校正算法及像元级岸线提取算法的应用。Bouchahma 和 Yan（2014）以突尼斯东南海岸的吉尔巴岛多年 TM 影像为数据源，提出了一种基于 NDWI 二值化影像的 Canny 算子提取海岸线的方法，依照局部特征临界值分割进行二值化，使海岸线提取更精确。

目视解译方面，孙伟富等（2011）应用 SPOT5 影像，通过野外实地踏勘获取的现场资料及经验，分析各种海岸类型在影像中的特征，从颜色、纹理、地物邻接关系等方面建立海岸类型的遥感解译标志，提出基岩岸线、砂质岸线、粉砂淤泥质岸线、生物岸线和人工岸线的提取原则。孙丽娥等（2013）以多源影像为基础，采用人机交互的方式提取了 1983～2012 年的六期杭州湾海岸线，计算了杭州湾海岸线变迁速率及陆域面积变化情况，并按照其地级市分岸段进行了岸线变迁分析。陈正华等（2011）以 20 世纪 70 年代的地形图为底图，利用 1986 年、1995 年、2005 年和 2009 年四个时间段的遥感影像数据进行目视解译，对浙江省大陆海岸线多年来的变迁进行连续监测，获取每个时期发生变化的岸段、陆地增加面积及分数维情况。孙美仙等（2009）将人工目视解译与计算机分类相结合，使用海水大潮高潮时刻的卫星图像，对福建省海岸线进行了调查，并且对于无法找到合适潮位图像的地区，结合海岸线解译标志，对海岸线进行校正。孙才志和李明昱（2010）借助 RS 技术与 GIS 技术，以 10 期多源影像为数据源，通过人机交互式解译方式提取海岸线，并将定量分析与定性分析相结合，建立海岸线与自然、经济及社会因素的灰色关联分析模型，探究海岸线变化的驱动因素。姚晓静等（2013）基于RS技术与GIS技术，提取了海南岛1980年、1990年、2000年和2010年四个时期的海岸线，并对其30年来的时空变化特征进行了系统分析。Mujabar和Chandrasekar（2011）在目视解译基础之上，利用DSAS分析了印度根尼亚古马里和杜蒂戈林之间区域的岸线变化，依据计算结果分区域分析岸线淤蚀情况。

三、海岸线变迁遥感监测

海岸线变迁研究方面，3S（RS、GIS、GPS）技术已有广泛的应用，如李琳等（2012）将RS技术与GIS技术相结合，以鸭绿江口西水道海岸为研究区域监测河口海岸线的动态演变，分析1976～2010年34年间中方和朝方的海岸线变迁情况。杨金中等（2002）以多时相遥感资料为基础，利用遥感数据的时间和空间特点，对杭州湾南北两岸的岸线进行了RS调查，查明了岸线变迁规律及影响因素。孙伟富等（2011）应用山东省SPOT5影像，结合现场资料，建立了基岩岸线、砂质岸线、粉砂淤泥质岸线和人工岸线四类岸线的遥感解译标志，提取了莱州湾海岸线，并进行变迁分析。禚如庆（2015）选取山东省的沿岸影像，建立了五类岸线的遥感解译标志，采用人机交互方法，提取了五期山东省大陆岸线的信息，对岸线变迁状况和类型转化状况进行了详细分析。周良勇等（2010）利用1985年MSS数据、1992年陆地卫星TM数据和2002年陆地卫星ETM+数据，提取了江苏盐城和南通地区的海岸线和海岸大坝信息，结果显示，研究区大部分岸段为淤长海岸，南部和北部各有一段为侵蚀海岸。赵宗泽等（2013）利用基线法和面积法对1983～2010年四期湄洲湾的海岸线变迁情况进行分析，并计算了反映岸线曲折度的岸线曲率。陈卫民等（1992）根据历史图件与卫片对比，提出黄河三角洲刁口岸段近期岸线演化过程，即填湾取直—快速淤进—逐步稳定—快速蚀退—缓慢蚀退—逐步稳定，指出河口区动力环境的变化直接影响着岸线的进退速率和范围。孙丽娥等（2013）以Landsat MSS、TM、ETM+影像和HJIB CCD影像为主要数据源，并以2009年实地踏勘地面控制点对遥感影像进行几何精校正，建立海岸线解译标志以及提取原则，采用人机交互方式提取了1983～2012年杭州湾海岸线，并对海岸线的位置、长度、分布特征和类型等基本信息进行了统计和分析。姜义等（2003）应用不同时期的历史资料、地形图、航空照片及多时相的 MSS、TM、ETM+遥感数据，提取了1870～2000 年海岸线变化信息，划分出侵蚀、淤积及稳定类型岸段，表明渤海湾西岸泥质海岸带近百年来已发生了“缓变型地质环境变化”中的“相对快速的变化”。李猷等（2009）以快速城市化地区的深圳市为研究区域，以 1978 年、1986 年、1995 年、1999 年和 2005 年等五期 Landsat MSS、TM、ETM+影像为数据源，利用阈值结合归一化植被指数（Normalized Difference Vegetation Index，NDVI）法提取各期海岸线，系统分析海岸线时空动态演变特征，并初步探讨其驱动因素。Yu 等（2011）使用 Landsat TM 数据研究了佛罗里达州中西部（临近坦帕湾）1987～2008 年的海岸线变化情况。Aiello 等（2013）基于 AMBUR R 包实现快速评估海岸线变化趋势及预测海岸线未来位置，并为用户提供了分析结果的数据表、总结报告、图形等。White 和 Asmar（1999）提出了 TCTM 的岸线研究新方法，并在得克萨斯湾沿岸进行试验、验证，结果显示此方法在已有历史数据基础上研究海岸线变迁及预测趋势变化表现较好。

第三节　围填海遥感监测与评估

一、基于遥感影像的围填海类型信息提取

遥感可以快速多时相地得到大量的地表信息，故可以利用遥感对围填海变化过程进行动态监测，方便实时获取围填海存在的问题。国内外利用遥感影像进行围填海信息提取的相关研究目前还主要集中在两个方面：传统的基于像元的分类方法及基于面向对象的遥感影像分类方法。

传统的基于像元的分类方法研究方面，I. A. Dar 和 M. A. Dar（2009）利用

高精度航空遥感影像研究比较了基于像元的分类方法与面向对象的分类方法特点，认为面向对象的分类方法更适合高空间分辨率遥感影像分类。高志强等（2014）完成对中国沿海地区1980～2010年海岸线变迁和围填海演变信息的提取；李志刚等（2011）将1988～2006年的锦州湾海域变化信息提取出来，叠加到2008年ALOS高分辨率影像图上，得到锦州湾1988～2006年填海造陆后新增海域的利用情况。以上方法基本是在像元尺度上利用遥感影像的光谱信息进行围填海信息的提取，但近年来高分影像的发展，也给传统的遥感影像的分类方法带来了挑战。

基于面向对象的遥感影像分类方法研究方面，Arroyo等（2006）以Quick Bird遥感影像为基础，采用面向对象的遥感影像分类技术对地中海区域煤的类型分布进行了分类制图。Kuleli（2010）采用面向对象的遥感影像分类技术对IKONOS遥感影像数据进行了海岸带海域利用、海域分类精度评估研究。陈杰（2010）研究了多光谱影像分割尺度的确定及基于粗糙集和支持向量机的面向对象的遥感影像信息的提取方法。张峰（2017）针对辽西北中轻度沙化土地的特点，研究了一种时空约束下的多光谱遥感影像沙化土地识别方法。王卫红和何敏（2011）利用基于面向对象的分类方法提出了一种最优分割尺度计算模型并研究了分割参数的选择，完成了两个典型实验区域的多尺度分割。索安宁等（2017）建立了面向对象的围填海存量资源遥感影像分类提取方法与技术流程，以营口市南部海岸为例进行围填海存量资源的监测与评估。

综上所述，在围填海识别和监测方面，已有多种遥感数据被使用，包括航片，全色红外、多光谱、高光谱以及雷达影像等，但是从影像分辨率角度来看，目前的围填海的监测还主要是利用中低分辨率影像，由于其分辨率较低，围填海信息的细节描述不够细致，尤其在小区域围填海变化信息的监测上，难以满足评估和制图的要求。目前利用高分辨率卫星进行围填海信息提取的相关研究相对较少，尤其是利用我国自主研发的高分卫星进行围填海信息提取及分析的研究更是很少。我国自主创新、研究生产的高分一号（GF-1）卫星和高分二号（GF-2）卫星的投入使用，为围填海信息提取的研究提供了新的数据源，GF-2卫星卓越的空间分辨率、观测幅宽度以及使用时间的设计，使GF-2卫星遥感影像表达的地物信息更为丰富，地物的边界、形状、内部结构、表面纹理更为清晰，这为围填海信息的精确提取提供了可能。因此，本书将尝试以我国自主研制的高空间分辨率的 GF-2 卫星遥感影像作为数据源，充分利用其高空间分辨率优势，结合面向对象的分类方法，研究适宜小区域内围填海信息提取的分类方法。

二、围填海时空演变

随着社会经济的快速发展，土地资源紧缺日益严重，近年来一些沿海地区利用濒临海洋的优势进行填海造陆，有效缓解了经济发展与土地资源不足的矛盾，进一步推动了沿海地区经济的发展，国内外对此进行了广泛的研究和分析。

Wang（2013）基于 1985 年和 1997 年 Landsat TM 遥感影像对韩国首都西部海岸围填海的类型变化进行了分析调查；Banna 和 Frihy（2009）研究了 1955～2002 年尼罗河三角洲东北部海岸带的围填海开发活动，发现大量海岸沙丘及潟湖转化成养殖池塘和农田；海洋局考察团（2007）对日本港口区 1973～1998 年围填海进行了研究，分析得出日本港口区不同时间段的围填海布局特征，并运用模型对该区域经济因素的驱动力进行了分析；Kumar 等（2010）通过分析多年印度卡纳塔克海岸带的地形图和遥感影像图，得出了该区域 1910～2005 年海岸带围填海利用情况。

朱高儒和许学工（2012）利用 RS 技术、GIS 技术对渤海湾西北岸 1974～2010 年的遥感数据进行精确分析与监测，分析、获得了研究区围填海空间分布的动态变化结果；范东辉（2008）利用 3S 技术提取并分析福建罗源湾围填海的海域利用变化；李静和张平宇（2012）结合河北省围填海的演变过程状况对环境造成的不同影响，从时间和空间尺度揭示了大规模围填海活动的利与弊；曹晓晨（2015）利用 3S 技术对 1980～2012 年七个时相的大连市长兴岛区域的遥感影像进行围填海信息的提取，并对其变化历程进行了分析；陈水森等（2001）将 RS 技术与 GIS 技术相结合，对珠江口西岸 1978～1998 年共 20 年间的围填海演变进行了分析；李博炎（2015）对环渤海地区 2000～2010 年海岸线和围填海信息进行了提取；刘鑫(2014)借助压力-状态-响应(Pressure-State- Response，PSR) 模型对南通市淤泥质海岸围填海现状及潜力进行了研究，并从定性和定量两个角度分析了围填海开发活动对海岸带资源的影响；黄杰等（2016）通过建立数学模型对围填海的需求进行了预测；刘洋等（2013）利用比例增长法、生产函数法等方法探讨了区域围填海面积需求预测的分析方法；索安宁等（2016）对海岸带地区景观格局变化及驱动因子进行分析；陆晓燕等（2012）对2000 年以来江苏海岸线及沿海滩涂围垦演化状况进行了分析；徐谅慧等(2015) 借鉴景观生态学相关指标，对 1990～2010 年浙江省围填海空间格局进行定量研究；高志强等（2014）利用遥感影像及调查资料，结合 RS 技术和 GIS 技术，对中国沿海地区 1980～2010 年海岸线变迁、围填海面积、利用类型演变的信息进行了提取，并对其演进过程和驱动因素进行了定性研究。总体来看，目前国内外对围填海时空演变的研究多集中于对填海造陆的动态分布变化进行定性分析（尹聪等，2012；侯西勇和徐新良，2011），还缺乏从海岸线变化、围填海面积、围填海利用结构、围填海强度指数、围填海质心变化等方面进行围填海空间格局变化的定量分析，研究深度仍有待进一步推进。因此，本书将基于多源遥感影像，对研究区围填海分布、面积、利用情况等方面进行深入分析，挖掘该区域围填海时空演变的规律，以期为该地区围填海开发控制管理提供一定的依据与技术方法。

第四节　CLUE-S 模型应用进展

CLUE-S 模型是 2002 年荷兰瓦赫宁根大学 Verburg 等（1999）在 CLUE 模型基础上发展的高分辨率 LUCC 模型，为在较小尺度上模拟土地利用变化及其环境效应而进行的改进，CLUE-S 模块包括非空间模块和空间模块两部分。

自 CLUE-S 模型推出以来，Engelsman（2007）以马来西亚半岛中部的雪兰莪州河谷盆地为例,在750米×750米大小栅格中,选取15个驱动因子,运用CLUE-S模型对该区域2014年的土地利用变化进行了三种不同情境下的模拟预测。Verburg和Veldkamp（2004）以两种尺度模拟了菲律宾森林边缘区域土地利用类型的变化情况，一种是将整个菲律宾作为研究区的国家尺度，一种是将锡布延岛作为研究区的高分辨率尺度，并给出了两种不同尺度下森林砍伐对土地利用类型变化的影响规律。Overmars等（2007）以菲律宾吕宋岛东北部的卡加延河流域作为研究区，通过演绎法及归纳法分别得到研究区土地利用类型概率分布图，并利用CLUE-S模型模拟了研究区土地利用的空间分布格局。Castella和Verburg（2007）将ABM模型和CLUE-S模型综合运用，模拟了越南境内山区的土地利用空间格局变化情况。

国内CLUE-S模型的应用案例主要是在2004年以后，摆万奇等（2005）以大渡河上游1967年、1987年和2000年土地利用状况为基础,验证了CLUE-S模型对大渡河上游有很好的适用性，并以此模型模拟了2010年该区域三种不同方案下的土地利用空间格局。谭永忠等（2006）以长江三角洲地区浙江省海盐县为研究区，以1986年土地利用类型为基础数据，选择了19种影响土地利用变化的内在驱动及外在驱动因子，模拟了该区域1995年、2000年的土地利用空间变化格局，并在此基础上构建了该区域未来20年三种不同模拟情景下的土地利用空间格局。盛晟等（2008）以南京1998～2006年土地利用时空动态变化为研究对象，借助Kappa指数计算，表明CLUE-S模型对南京市城市发展空间结构具有较强的预测能力。黄明等（2012）以甘肃天水罗玉沟流域为研究区域，以2001年和2008年土地利用作为基础数据，以不同的空间尺度,运用CLUE-S模型进行了该区域2008年的土地利用空间格局的模拟。张丁轩等（2013）以武安市为研究区，综合GIS技术和CLUE-S模型，对矿业城市的土地利用情景进行了预测，通过对选定影响土地利用变化的因子进行约束，构建趋势发展前景、耕地保护情景、生态安全情景三种情景下该研究区2020年的土地利用空间分布格局。曹瑞娜等（2014）以山东栖霞市为例，以1992年、2003年、2010年遥感数据为数据源，选择了19个自然及社会驱动因子,综合Logistic回归和CLUE-S模型探索了该模型在栖霞市景观格局模拟的适用性。

综上所述，目前 CLUE-S 模型主要用于陆地土地利用覆被变化的研究，对海域开发空间格局的模拟研究还较为缺乏，尤其是缺乏对海岸带开发活跃区域海域开发格局变化的模拟研究。因此，本书以近岸海域污染严重、生态退化严重的辽宁省锦州市附近海域为研究区，采用 CLUE-S 模型，通过收集研究区历史时期海域开发空间格局数据、现状数据及统计分析数据，采用 CLUE-S 模型构建研究区海域空间发展格局，以期为研究区未来海域使用管理及海域承载力评价提供一定的参考。

第五节　海域承载力评价研究进展

在承载力概念和内涵的演变过程中，有关沿海区域的承载力研究包括：狄乾斌等（2014）借鉴资源承载力的含义，从养活人口角度来评价海洋水产资源承载力，提出"海洋水产资源承载力是指在保证海洋水产资源可持续利用、符合现阶段社会文化准则的物资生活水平条件下，所能养活的最大人口数量"，并采用状态空间评价模型，确定了海洋资源、生态和环境承载力的理想状态值，得到了 2002～2011 年辽宁省海域海洋资源、生态和环境承载力的具体数值，由此对辽宁省海域承载状况进行了判断；王静等（2009）综合考虑围填海对动力泥沙环境、海洋生态环境、资源综合开发和社会经济的影响，建立了围填海适宜规模评价指标体系，构建了适宜围填海规模的评价决策模型；徐敏和刘晴（2013）开展了淤涨型潮滩的适宜围填规模研究，提出了江苏省不同区域潮滩的围填控制线，为淤泥质海岸的围填海工程可行性论证提供了重要参照；刘康和韩立民（2008）根据 PSR 指标体系概念模型，对海岸带承载力评估指标体系的构建进行了初步探讨，为海岸带的合理开发与可持续发展提供了依据；付元宾等（2008）在结合前人研究的基础上提出了围填海强度概念，初步实现了海岸带承载力的定量描述，并成功评估了辽宁省长兴岛临港工业区和北部湾经济开发区围填海潜力状况；韩立民和任新君（2009）认为“海域承载力是指一定的海洋区域在可预见期内，在确保海洋资源合理利用和海洋生态环境良性循环的条件下，为实现社会福利最大化，通过自我维持与自我调节，特定海域能够支持人口、环境和经济协调发展的最大程度或阀值”；Jurado（2008）以西班牙阳光海岸作为研究实例，建立了一个适于成熟海岸带景区的社会承载力评价模型；Zacarias（2014）系统地描述了海岸带旅游承载力的定义及其作为海岸带管理工具的作用，并以葡萄牙法鲁区作为研究实例进行了应用分析；张红等（2016）针对海岛城市的特点，构建了专门评价海岛城市海域承载力的生态足迹模型，为海岛城市海域资源的合理利用提供了有效的评价方法；曹可等（2017）提出了海域开发利用强度指数及海域开发利用评价标准，在此基础上构建了基于海洋功能区划的海域开发利用的承载力指数模型，并以津冀海域为例进行了实证研究；李明等（2015）借鉴有关区域承载力的理论和方法，构建了海域承载力评价的指标体系，并采用多维状态空间法对理想状态承载力及现实承载状态进行了测算；关道明等（2016）梳理了海洋资源环境承载力的相关理论及测度方法，构建了基于“驱动力-压力-状态-影响-响应”（DPSIR）理论的海洋资源环境承载力模型，并指出未来海洋资源环境承载力应建立监测预警机制。

综合而言，国内外学者对海域承载力进行了大量研究，取得了一定成果，但由于环境承载力问题的复杂性、模糊性以及影响因素的多样性，目前的研究多关注于承载力概念和内涵、承载力评价方法的建立，以及对承载力进行可承载、临界承载、超承载状态的定性描述，缺乏对承载力详细测度的定量方法。围填海开发是影响海域承载力变化的一个重要因素，围填海开发受到一定的承载力约束，如果超过环境的承载极限，将会反过来削弱海岸带地区的可持续发展能力。但由于研究尺度及专业领域的限制，识别围填海对海域承载力的影响过程、综合分析围填海对海域承载力响应的敏感性因子研究尚未涉足，对不同围填海工程强度的海域承载力状况和围填海潜力进行研究的方法尚未建立。

因此，本书将以围填海开发强度大，生态环境系统脆弱，产业、人口密集的半封闭型海湾地区作为研究对象，以围填海空间格局演进作为主线，以海域承载力作为约束条件，探讨围填海扩展对海域承载力的影响。选择辽宁锦州湾为研究区，利用多源遥感数据，对围填海的空间格局动态进行分析，探讨围填海空间扩展对研究区海域承载力的影响及其作用机制，识别对海域承载力影响的典型敏感性指标，构建海域承载力评估模型，并对不同围填海强度的海域承载力状况和围填海潜力进行分析,为合理控制围填海规模提供一定的科学依据。

第六节　本 章 小 结

通过参考国内外相关文献，本章详细论述了围填海相关问题的研究进展，主要包括围填海对海洋资源环境、滨海湿地生态系统及景观、海域水沙动力环境的影响，同时对海岸线变迁遥感监测、围填海遥感监测与评估、CLUE-S 模型应用进展、海域承载力评价的研究及进展过程进行了总结。

参 考 文 献

摆万奇, 张永民, 阎建忠, 等. 2005. 大渡河上游地区土地利用动态模拟分析. 地理研究, 24(2): 206-212, 323.

鲍献文, 林霄沛, 吴德星, 等. 2005. 东海陆架环流季节变化的模拟与分析. 中国海洋大学学报(自然科学版), 35(3): 349-356.

曹可, 张志峰, 马红伟, 等. 2017. 基于海洋功能区划的海域开发利用承载力评价——以津冀海域为例. 地理科学进展, 36(3): 320-326.

曹瑞娜, 齐伟, 李乐, 等. 2014. 基于流域的山区景观格局分析和分区研究——以山东省栖霞市为例. 中国生态农业学报, 22(7): 859-865.

曹晓晨. 2015. 基于 3S 技术的大连长兴岛围填海变化研究. 辽宁师范大学硕士学位论文.

陈杰. 2010. 高分辨率遥感影像面向对象分类方法研究. 中南大学博士学位论文.

陈水森, 黎夏, 邹春洋, 等. 2001. 利用遥感与 GIS 分析珠江口番禺段近 20a 来的沿岸变化.

热带海洋学报, 20(3): 21-27.
陈卫民, 杨作升, D. B. Prior. 1992. 黄河口水下底坡微地貌及其成因探讨. 青岛海洋大学学报, 22(1): 71-81.
陈正华, 毛志华, 陈建裕. 2011. 利用4期卫星资料监测1986～2009年浙江省大陆海岸线变迁. 遥感技术与应用, 26(1): 68-73.
狄乾斌, 张洁, 吴佳璐. 2014. 基于生态系统健康的辽宁省海洋生态承载力评价. 自然资源学报, 29(2): 256-264.
董保根, 张良, 张钢, 等. 2012. 利用LiDAR点云提取有地形约束的光滑海岸线. 测绘科学技术学报, 29(2): 113-117.
范东辉. 2008. 3S技术在围垦工程土地利用变化监测中的应用. 水利科技, (3): 55-57.
冯兰娣, 孙效功, 胥可辉. 2002. 利用海岸带遥感图像提取岸线的小波变换方法. 青岛海洋大学学报(自然科学版), 32(5): 777-781.
付元宾, 赵建华, 王权明, 等. 2008. 我国海域使用动态监测系统(SDMS)模式探讨. 自然资源学报, (2): 185-193.
高义, 王辉, 苏奋振, 等. 2013. 中国大陆海岸线近30a的时空变化分析. 海洋学报, 35(6): 31-42.
高志强, 刘向阳, 宁吉才, 等. 2014. 基于遥感的近30a中国海岸线和围填海面积变化及成因分析. 农业工程学报, 30(12): 140-147.
关道明, 张志锋, 杨正先, 等. 2016. 海洋资源环境承载能力理论与测度方法的探索. 中国科学院院刊, 31(10): 1241-1247.
海洋局考察团. 2007. 日本围填海管理的启示与思考. 海洋开发与管理, (6): 3-8.
韩立民, 任新君. 2009. 海域承载力与海洋产业布局关系初探. 太平洋学报, (2): 80-84.
侯西勇, 徐新良. 2011. 21世纪初中国海岸带海域利用空间格局特征. 地理研究, 30(8): 1370-1379.
黄杰, 索安宁, 孙家文, 等. 2016. 中国大规模围填海造地的驱动机制及需求预测模型. 大连海事大学学报(社会科学版), 15(2): 13-18.
黄明, 张学霞, 张建军, 等. 2012. 基于CLUE-S模型的罗玉沟流域多尺度土地利用变化模拟. 资源科学, 34(4): 769-776.
黄少峰, 刘玉, 李策, 等. 2011. 珠江口滩涂围垦对大型底栖动物群落的影响. 应用与环境生物学报, 17 (4): 499-503.
姜义, 李建芬, 康慧, 等. 2003. 渤海湾西岸近百年来海岸线变迁遥感分析. 国土资源遥感, 58(4): 54-58, 78.
李博炎. 2015. 环渤海地区的海岸线及围填海动态变化分析. 中国环境科学学会.
李洪忠, 王超, 张红, 等. 2009. 基于海图信息的SAR影像海陆自动分割. 遥感技术与应用, 24(6): 731-736.
李静, 张平宇. 2012. 垦区城镇化综合发展水平测度与比较分析——以建三江为例. 人文地理, 27(6): 35, 62-66.
李琳, 张杰, 马毅, 等. 2012. 1976—2010年鸭绿江口西水道岸线变迁遥感监测与分析. 测绘通报, (s1): 386-390.
李明, 董少彧, 张海红, 等. 2015. 基于多维状态空间与神经网络模型的山东省海域承载力评价与预警研究. 海洋通报, 34(6): 608-615.
李行, 张连蓬, 姬长晨, 等. 2014. 基于遥感和 GIS 的江苏省海岸线时空变化. 地理研究, 33(3): 414-426.
李猷, 王仰麟, 彭建, 等. 2009. 深圳市1978年至2005年海岸线的动态演变分析. 资源科学, 31(5): 875-883.
李志刚, 李小玉, 高宾, 等. 2011. 基于遥感分析的锦州湾海域填海造地变化. 应用生态学报, 22(4): 943-949.
刘百桥, 孟伟庆, 赵建华, 等. 2015. 中国大陆1990—2013年海岸线资源开发利用特征变化. 自然资源学报, 30(12): 2033-2044.
刘康, 韩立民. 2008. 海域承载力本质及内在关系探析. 太平洋学报, (9): 69-75.
刘鑫. 2014. 淤泥质海岸围填海现状评估与潜力预测研究. 南京师范大学硕士学位论文.
刘洋, 尤慧, 程晓, 等. 2013. 基于长时间序列 MODIS 数据的鄱阳湖湖面面积变化分析. 地球信息科学学报, 15(3): 469-475.
刘仲军, 刘爱珍, 于可忱. 2012. 围填海工程对天津海域水动力环境影响的数值分析. 水道港口, 33(4): 310-314.
陆荣华, 于东生, 杨金艳, 等. 2011. 围(填)海工程对厦门湾潮流动力累积影响的初步研究. 台湾海峡, 30(2): 165-174.
陆晓燕, 杨智翔, 何秀凤. 2012. 2000—2009年江苏沿海海岸线变迁与滩涂围垦分析. 地理空间信息, 10(5): 57-59.
马田田, 梁晨, 李晓文, 等. 2015. 围填海活动对中国滨海湿地影响的定量评估. 湿地科学, 13(6): 653-659.
穆锦斌, 黄世昌, 娄海峰. 2013. 河口大规模围海工程对周边水动力环境的影响. 四川大学学报(工程科学版), 45(1): 61-66.
聂红涛, 陶建华. 2008. 渤海湾海岸带开发对近海水环境影响分析. 海洋工程, 26(3): 44-50.
盛晟, 刘茂松, 徐驰, 等. 2008. CLUE-S 模型在南京市土地利用变化研究中的应用. 生态学杂志, 27(2): 235-239.
宋红丽, 刘兴土. 2013. 围填海活动对我国河口三角洲湿地的影响. 湿地科学, 11(2): 297-304.
宋威娇. 2012. 威海中心渔港围海工程对葡萄滩湾水动力环境影响的研究. 中国海洋大学硕士学位论文.
孙才志, 李明昱. 2010. 辽宁省海岸线时空变化及驱动因素分析. 地理与地理信息科学, 26(3): 63-67.

孙丽娥, 马毅, 刘荣杰. 2013. 杭州湾海岸线变迁遥感监测与分析. 海洋测绘, 33(2): 38-41.
孙美仙, 丁照东, 赵联大, 等. 2009. 基于 GIS 的海啸预警信息系统集成框架. 海洋学研究, 27(4): 108-116.
孙伟富, 马毅, 张杰, 等. 2011. 不同类型海岸线遥感解译标志建立和提取方法研究. 测绘通报, (3): 41-44.
孙永光, 李秀珍, 郭文永, 等. 2011. 基于 CLUE-S 模型验证的海岸围垦区景观驱动因子贡献率. 应用生态学报, 22(9): 2391-2398.
孙永光, 赵冬至, 郭文永, 等. 2013. 红树林生态系统遥感监测研究进展. 生态学报, 33(15): 4523-4538.
索安宁, 曹可, 初佳兰, 等. 2017. 基于 GF-1 卫星遥感影像的海岸线生态化监测与评价研究——以营口市为例. 海洋学报, 39(1): 121-129.
索安宁, 关道明, 孙永光, 等. 2016. 景观生态学在海岸带地区的研究进展. 生态学报, 36(11): 3167-3175.
索安宁, 张明慧, 于永海, 等. 2012. 曹妃甸围填海工程的海洋生态服务功能损失估算. 海洋科学, 36(3): 108-114.
谭永忠, 吴次芳, 牟永铭, 等. 2006. 经济快速发展地区县级尺度土地利用空间格局变化模拟. 农业工程学报, 22(12): 72-77.
王静, 徐敏, 张益民, 等. 2009. 围填海的滨海湿地生态服务功能价值损失的评估——以海门市滨海新区围填海为例. 南京师范大学学报(自然科学版), 32(4): 134-138.
王李娟, 牛铮, 赵德刚, 等. 2010. 基于 ETM 遥感影像的海岸线提取与验证研究. 遥感技术与应用, 25(2): 235-239.
王卫红, 何敏. 2011. 面向对象海域利用信息提取的多尺度分割. 测绘科学, 36(4): 160-161.
王勇智, 吴頔, 石洪华, 等. 2015. 近十年来渤海湾围填海工程对渤海湾水交换的影响. 海洋与湖沼, 46(3): 471-480.
武芳, 苏奋振, 平博, 等. 2013. 基于多源信息的辽东湾顶东部海岸时空变化研究. 资源科学, 35(4): 875-884.
徐东霞, 章光新. 2007. 人类活动对中国滨海湿地的影响及其保护对策. 湿地科学, 5(3): 282-288.
徐涵秋, 唐菲. 2013. 新一代 Landsat 系列卫星: Landsat 8 遥感影像新增特征及其生态环境意义. 生态学报, 33(11): 3249-3257.
徐谅慧, 杨磊, 李加林, 等. 2015. 1990—2010 年浙江省围填海空间格局分析. 海洋通报, 34(6): 688-694.
徐敏, 刘晴. 2013. 江苏省围填海综合效益评估. 南京师范大学学报(自然科学版), 36(3): 125-130.
杨金中, 李志中, 赵玉灵. 2002. 杭州湾南北两岸岸线变迁遥感动态调查. 国土资源遥感, (1):

23-28.

杨磊, 李加林, 袁麒翔, 等. 2014. 中国南方大陆海岸线时空变迁. 海洋学研究, 32(3): 42-49.

姚晓静, 高义, 杜云艳, 等. 2013. 基于遥感技术的近 30a 海南岛海岸线时空变化. 自然资源学报, 28(1): 114-125.

尹聪, 褚宏宪, 尹延鸿. 2012. 曹妃甸填海工程阻断浅滩潮道中期老龙沟深槽的地形变化特征. 海洋地质前沿, 28(5): 15-20.

尹延鸿. 2009. 曹妃甸浅滩潮道保护意义及曹妃甸新老填海规划对比分析. 现代地质, 23(2): 200-209.

于淑玲, 崔保山, 闫家国, 等. 2015. 围填海区受损滨海湿地生态补偿机制与模式. 湿地科学, 13(6): 675-681.

于永海, 苗丰民, 王玉广, 等. 2003. 基于 3S 技术的海岸线测量与管理应用研究. 地理与地理信息科学, 19(6): 24-27.

张丁轩, 付梅臣, 陶金, 等. 2013. 基于 CLUE-S 模型的矿业城市土地利用变化情景模拟. 农业工程学报, 29(12): 246-256, 294.

张峰. 2017. 时空约束下的沙化土地遥感提取方法研究. 测绘与空间地理信息, 40(11): 174-176.

张红, 陈嘉伟, 周鹏. 2016. 基于改进生态足迹模型的海岛城市土地承载力评价——以舟山市为例. 经济地理, 36(6): 155-160, 167.

张鹏, 王金城. 2003. 自适应滤波算法的神经网络实现. 微计算机信息, 7: 1-3.

赵宗泽, 刘荣杰, 马毅, 等. 2013. 近 30 年来湄洲湾海岸线变迁遥感监测与分析. 海岸工程, 32(1): 19-27.

周良勇, 张志珣, 陆凯. 2010. 1985—2002 年江苏粉砂淤泥质海岸岸线和围海变化. 海洋地质动态, 26(6): 7-11.

朱高儒, 许学工. 2012. 渤海湾西北岸 1974～2010 年逐年填海造陆进程分析. 地理科学, 32(8): 1006-1012.

禚如庆. 2015. 基于遥感和 GIS 的山东省岸线时空变化监测. 河南科技, (15): 149-151.

Ahmad S R, Lakhan V C. 2012. GIS-based analysis and modeling of coastline advance and retreat along the coast of Guyana. Marine Geodesy, 35(1): 1-15.

Aiello A, Canora F, Pasquariello G, et al. 2013. Shoreline variations and coastal dynamics: A space-time data analysis of the Jonian littoral, Italy. Estuarine Coastal and Shelf Science, 129(5): 124-135.

Arroyo L A, Healey S P, Cohen W B, et al. 2006. Using object-oriented classification and high-resolution imagery to map fuel types in a Mediterranean region. Journal of Geophysical Research, 111(G4) : 1-10.

Banna M M E, Frihy O E. 2009. Human-induced changes in the geomorphology of the northeastern coast of the Nile Delta, Egypt. Geomorphology, 107(1/2): 72-78.

Bouchahma M, Yan W L. 2014. Monitoring shoreline change on Djerba Island using GIS and multi-temporal satellite data. Arabian Journal of Geosciences, 7(9): 3705-3713.

Castella J C, Verburg P H. 2007. Combination of process-oriented and pattern-oriented models of land-use change in a mountain area of Vietnam. Ecological Modelling, 202(3/4): 410-420.

Dar I A, Dar M A. 2009. Prediction of shoreline recession using geospatial technology: A case study of Chennai Coast, Tamil Nadu, India. Journal of Coastal Research, 25(6): 1276-1286.

Dai X Y, Ma J, Zhang H, et al. 2013. Evaluation of ecosystem health for the coastal wetlands at the Yangtze Estuary, Shanghai. Wetlands Ecology and Management, 21(6): 433-445.

Engelsman W. 2007. Simulating land use changes in an urbanizing area in Malaysia. http: //www. gis. wau. nl/-clue[2007-08-16].

Eriksson. 2014. Effect of artificial island project on tidal current and sediment in the radial sand ridges of the South Yellow Sea. Marine Bulletin, 33(4): 397-404, 435.

Gens R. 2010. Remote sensing of coastlines: Detection, extraction and monitoring. International Journal of Remote Sensing, 31(7): 1819-1836.

Jurado. 2008. Preliminary study on conceptual model of coastal environmental carrying capacity. Resources and Industry, (4): 129-132.

Kuleli T. 2010. Quantitative analysis of shoreline changes at the Mediterranean Coast in Turkey. Environmental Monitoring and Assessment, 167(1/4): 387-397.

Kumar A, Narayana A C, Jayappa K S. 2010. Shoreline changes and morphology of spits along southern Karnataka, west coast of India: A remote sensing and statistics-based approach. Geomorphology, 120(3): 133-152.

Kurt S, Karaburun A, Demirci A. 2010. Coastline changes in Istanbul between 1987 and 2007. Scientific Research and Essays, 5(19): 3009-3017.

Maiti S, Bhattacharya A K. 2009. Shoreline change analysis and its application to prediction: A remote sensing and statistics based approach. Marine Geology, 257(1): 11-23.

Mao Z G, Gu X H, Liu J E, et al. 2010. Evolvement of soil quality in salt marshes and reclaimed farmlands in Yancheng coastal wetland. Chinese Journal of Applied Ecology, 21(8): 1986-1992.

Mu J B, Huang S C, Lou H F. 2012. Effects of the large-scale reclamation project on hydro-dynamic environment in the estuary. Applied Mechanics and Materials, 226-228(1): 2317-2322.

Mujabar P S, Chandrasekar N. 2011. A shoreline change analysis along the coast between Kanyakumari and Tuticorin, India using remote sensing and GIS. Geo-spatial Information Science, 14(4): 282-293.

Naser H A. 2011. Effects of reclamation on macrobenthic assemblages in the coastline of the

Arabian Gulf: A microcosm experimental approach. Marine Pollution Bulletin, 62(3): 520-524.

Overmars K P, Groot W T D, Huigen M G A. 2007. Comparing inductive and deductive modeling of land use decisions: Principles, a model and an illustration from the Philippines. Human Ecology, 35(4): 439-452.

Park S R, Kim J H, Kang C K, et al. 2009. Current status and ecological roles of Zostera marina after recovery from large-scale reclamation in the Nakdong River estuary, Korea. Estuarine Coastal and Shelf Science, 81(1): 38-48.

Sheik M, Chandrasekar. 2011. A shoreline change analysis along the coast between Kanyakumari and Tuticorin, India, using digital shoreline analysis system. Geo-Spatial Information Science, 14(4): 282-293.

Verburg P H, Koning G H J D, Kok K, et al. 1999. A spatial explicit allocation procedure for modelling the pattern of land use change based upon actual land use. Ecological Modelling, 116(1): 45-61.

Verburg P H, Veldkamp A. 2004. Projecting land use transitions at forest fringes in the Philippines at two spatial scales. Landscape Ecology, 19(1): 77-98.

Wang M H. 2013. Monitoring of water changes in Danjiangkou reservoir based on Landset TM/ETM and HJ-1A/B images. Resources and Environment in the Yangtze River Basin, 22(9): 1207-1213.

White K, Asmar H M E. 1999. Monitoring changing position of coastlines using Thematic Mapper imagery, an example from the Nile Delta. Geomorphology, 29(1/2): 93-105.

Yu K, Hu C, Frank E, et al. 2011. Shoreline changes in west-central Florida between 1987 and 2008 from Landsat observations. International Journal of Remote Sensing, 32(23): 8299-8313.

Zacarias. 2014. Evaluation of coastal zone carrying capacity based on fragile ecological environment——A case study of Leizhou Peninsula. Ocean Development and Management, 31(6): 88-95.

第三章

研究区概况及研究方法

第一节 研究区概况

锦州湾依锦州市而得名，是环渤海经济圈的重要组成部分，也是京津唐与东北经济板块交会的重要节点。该区域是辽宁省“五点一线”的重要建设区域，拥有重要的海岸线资源和港口资源，包括 2 个重要港口（葫芦岛港和锦州港），是东北老工业基地对外发展的重要门户（李志刚等，2011）。锦州湾海域是一个半封闭的海湾生态系统，位于渤海辽东湾锦州小笔架山至葫芦岛柳条沟连线的西侧，呈弯弓形，湾口朝向东南，属于中水湾，海湾最深处为 4.7 米，为泥沙底。截至 2012 年底，锦州湾海岸线长 61.5 千米，海湾面积为 137.65 平方千米。锦州湾邻接凌海市天桥乡，葫芦岛塔山乡、独树沟乡，湾口中部有笊篱头渔港，南岸为葫芦岛，北岸的西海口曾是驰名港口，现已衰落，附近已辟为海水浴场（傅明珠等，2014）。

一、自然地理

锦州市属于温带季风气候，冬、夏季节特征明显。年平均气温 9.4℃；极端最高气温 35℃，最热月出现在 7 月，最热月平均气温 26℃；极端最低气温-31.3℃，最冷月出现在 1 月，最冷月平均气温-7.4℃。全年日照时数 2582.4 小时。锦州湾全年强风向为南西，次强风向为南南西。雨季多集中在每年的 6～9 月，其降水量占全年降水总量的 76%，降雪多在 1 月、2 月，年平均降水量 532.7 毫米，年最大降水量 694.0 毫米，年最小降水量 252.3 毫米。锦州湾冰况为冻而不封，每年 12 月出现初生冰，1 月和 2 月出现板冰、灰白冰，流冰多出现在 1 月和 2 月。锦州湾常浪向为南南西，频率为 34.02%；次常浪向为南，频率为 11.76%；强浪向为南南西，实测最大波高为 2.6 米；次强浪向为南南西和南，实测最大波高分别为 2.2 米和 2.1 米（刘海林和李伟晶，2010；王巍巍，2016）。

二、社会经济

随着“辽宁沿海经济带”上升为国家战略，以锦州湾为核心的辽西沿海经济区成为辽宁省开发开放的重要区域，作为“五点一线”中的重要一点，锦州引领辽西地区和蒙东腹地开启了从“面朝黄土”向“拥抱海洋”转变的新时代。辽宁省“五点一线”沿海经济带开发开放战略引导锦州开始谋划构建向海发展的新格局，以世博园和滨海景观带建设为契机，坚定不移将城市发展重心转向沿海，着力打造“滨海新锦州”。海洋是锦州的宝贵资源，更给了锦州城市发展源源不断的动力，使锦州在东北、国家、东北亚等区域范围的地位不断提升，城市功能不断增强（孙雅静，2006）。

截止到2015年末，锦州全市户籍人口302.6万人，其中，城镇人口126.0万人。锦州实现地区GDP 1357.5亿元，按可比价格计算，比2014年增长3.0%，与辽宁省平均水平持平。其中，第一产业增加值211.7亿元，增长3.3%；第二产业增加值589.6亿元，增长0.5%；第三产业增加值556.2亿元，增长6.0%。三次产业结构由2014年的14.8：46.4：38.8调整为15.6：43.4：41.0，第三产业比重较2014年提高2.2个百分点，第一产业比重微升，第二产业比重有所下降。2015年人均地区GDP 44 191元，按可比价格计算，比上年增长3.3%。全年农林牧渔业总产值447.8亿元，按可比价格计算，比上年增长3.6%。其中，渔业总产值36.6亿元，增长1.7%（张彩虹等，2011；高薇，2010；黄小露，2017）。

第二节 研究方法

本书基于遥感调查、资料收集对比验证、CLUE-S动态模拟、承载力模型计算等，对锦州湾不同数据源的围填海信息进行提取，深入研究锦州湾围填海分布的面积、利用情况和资源环境条件变迁情况等，明确锦州湾围填海时空分布演变特征，在此基础上对其海域空间格局状况进行动态模拟，并对其海域承载力进行评价及预警。

一、基于面向对象的遥感信息提取

面向对象的信息提取技术是一种基于多尺度分割的计算法则，对图像进行分割，生成各种同质性与异质性的多边形对象，继而分析和筛选信息量大、相关性小的目标对象，找出对象特征差异值，以此实现类别信息自动提取的技术。它突破了传统方法以像元为基本分类和处理单元的局限，能较好地反映影像中地物斑块的多尺度和多特征的特点，更能接近人类理解现实世界的过程（鞠明明等，2013；陈杰，2010；詹福雷，2014）。

面向对象的信息提取技术包括以下几个方面的内容。

1. 多尺度分割参数确定

多尺度分割参数包括最佳分割尺度、均质因子及多波段权重的设置（费鲜芸等，2015）。最佳分割尺度是指分割后的影像对象的边界能将这种地物类型与其他相邻的地物类型清晰地区分开来，并且能用一个或几个影像对象来代表此类地物所允许的最大异质度，最佳精度是根据图像数据和研究对象决定的（佃袁勇等，2016；李慧等，2015；张正健等，2014）。

均质因子包括光谱因子和形状因子，两者权重之和为 1.0。形状因子由光滑度和紧致度表示，两者权重之和也为 1.0。因此，光谱因子与形状因子可看作相反值，光滑度和紧致度也可看作相反值。在实际分割过程中，光谱因子和形状因子的比重通常设置为 0.8～0.9 或 0.1～0.2。

2. 遥感影像分类方案确定

多尺度分割之后，采用合适的分类方法进行遥感影像信息的提取，易康（eCognition）软件提供了模糊分类及最近邻分类法两种分类方案（肖康等，2013）。

模糊分类是基于模糊数学的一种分类方法，主要由隶属函数、模糊子集和模糊关系来表达（胡茂莹，2016）。基于 eCognition 软件进行模糊分类需要确定模糊子集与模糊关系。面向对象的最近邻分类法是以分割后得到的分割影像为基本单元，选择对象特征，构建特征空间，以最小距离为依据进行分类，是在特征空间汇总计算待分类对象与各类训练样本之间的最小距离，寻找与待分类对象距离最近的样本对象，将其归属到最近样本对象的类别中（宋晓阳等，2015）。在 eCognition 软件中运用最近邻分类法分类，先确定分类体系，再选择每种类别的训练样本，进而确定分类度较高的特征集，从而得到相应的分类结果（白晓燕等，2015；王露，2014）。

二、基于 CA 的岸线提取

CA 在图像分类与模式识别中的作用明显，越来越多的学者将其用于混合像元分解及图像边缘检测等。本书参考冯永玖等（2015）的论文，构建了一种海岸线遥感信息提取的 CA 模型，并在 Matlab 环境下开发实现。

演化规则是元胞自动机模型框架的核心，本书采用元胞自动机中的 Moore 型，在图像边缘检测中，具体的演化规则定义为元胞（像元）从上一时刻转换到下一时刻所依据的规则，表示为

$$S_t = f\left(S_{t-1}, N_{\text{ei}}, C_{\text{con}}\right) \tag{3.1}$$

式中，t 为迭代运算时间，N_{ei} 为邻近元胞状态，C_{con} 为元胞演化的限制条件，f 为演化规则函数，S_t 和 S_{t-1} 是中心元胞在 t 和 $t-1$ 时刻的状态。

三、海岸线变化分析方法

目前，对海岸线时空变化进行分析的方法有很多，主要包括面积法、基线法、数学统计法、非线性缓冲区迭代法及动态分割法等（姚晓静等，2013；摆万奇等，2005）。本书选取基线法对海岸线的时空变化进行分析。

基线法是 Thieler、Himmelstoss 等基于 ArcGIS 平台开发的，应用于海岸线变化分析的功能模块数字岸线分析系统（Digital Shoreline Analysis System，DSAS）（杨燕雄等，2017），其具体原理为：由海岸线向海域纵深处得到基线（baseline），且保证基线与海岸线大致平行，且各期海岸线均在基线的同一侧，

再垂直于基线以适当的间隔投射出与各时期海岸线相交的剖面线，每两期海岸线与剖面线交点的距离，即为对应时期海岸线变化的距离，最后利用拟合模型对剖面线与岸线的交点序列求算，从而得出海岸线位置的变化速率（刘鹏等，2015）（图 3.1）。

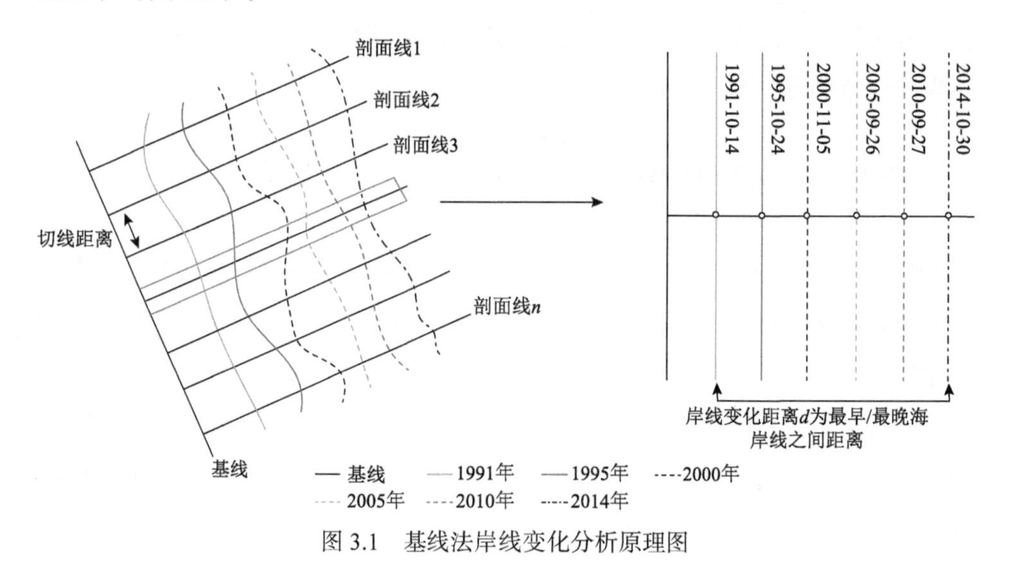

图 3.1　基线法岸线变化分析原理图

四、CLUE-S 模型

CLUE-S 模型是一种在小比例尺上模拟土地利用变化及其环境效应的模型。该模型是在对研究区土地利用变化经验理解的基础上，通过与土地利用变化相关的社会、经济、技术以及自然环境等驱动因子之间关系的定量分析，探索模拟土地利用变化，完成探索空间演变规律，实现对未来土地利用变化进行预测的模型（盛晟等，2008）。

CLUE-S 模型分为两个不同的模块，分别为非空间分析模块和空间分析模块（黄明等，2012）（图 3.2）。非空间分析模块主要计算研究区由需求驱动因素导致的海域利用类型数量的变化，或计算设定不同情景条件下的海域利用需求；空间分析模块则把非空间海域需求模块计算出的海域需求结果分配到研究区的空间位置上，达到空间模拟的目的。CLUE-S 模型的正常运行，需要空间政策与限制区域、海域利用类型转移设置、海域利用需求和海域利用类型空间适宜性特征四个条件（张丁轩等，2013；孙永光等，2011）。

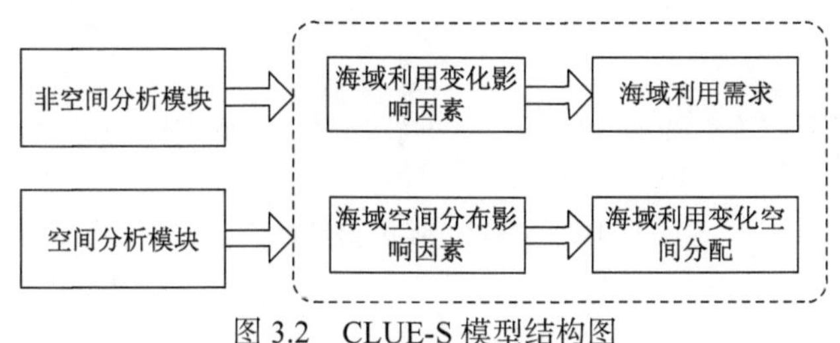

图 3.2　CLUE-S 模型结构图

五、可变模糊评价方法

可变模糊评价方法（陈守煜，2009；章斌等，2013）能够将确定性与不确定性作为一个系统进行综合考虑，并予以辩证分析和数学处理，能较好地解决包括多目标、非线性、高维数的问题以及包容模糊、灰色等常见不确定的问题，为多指标、多级别综合评价提供了新的思路与方法，在水资源可持续利用（陈守煜，2012；陈守煜和王子茹，2011）、海域承载力评价（柯丽娜等，2013；孙才志等，2014）等方面有所应用。

设论域 U 中任意元素 u 的对立模糊概念（事物、现象）或对立基本模糊属性以 $\underset{\sim}{A}$ 与 $\underset{\sim}{A}^c$ 表示。在连续统区间[1，0]（对 $\underset{\sim}{A}$ ）与[0，1]（对 $\underset{\sim}{A}^c$ ）的任一点上，对立基本模糊属性的相对隶属度分别为 $\mu_{\underset{\sim}{A}}(u)$ 、$\mu_{\underset{\sim}{A}^c}(u)$。左端点 P_l: $\mu_{\underset{\sim}{A}}(u)=1$，$\mu_{\underset{\sim}{A}^c}(u)=0$。右端点 P_r: $\mu_{\underset{\sim}{A}}(u)=0$，$\mu_{\underset{\sim}{A}^c}(u)=1$。且

$$\mu_{\underset{\sim}{A}}(u)+\mu_{\underset{\sim}{A}^c}(u)=1 \tag{3.2}$$

式中，$0\leqslant \mu_{\underset{\sim}{A}}(u)\leqslant 1$，$0\leqslant \mu_{\underset{\sim}{A}^c}(u)\leqslant 1$。

在连续统区间左、右端点 P_l 与 P_r 之间必存在确定的中介点 P_m，该点的对立模糊概念（事物、现象）或对立基本模糊属性的相对隶属度相等，即

$$\mu_{\underset{\sim}{A}}(u)=\mu_{\underset{\sim}{A}^c}(u)=0.5 \tag{3.3}$$

P_m 为对立统一矛盾性质的转化点，则在[P_l, P_m]区间，$\mu_{\underset{\sim}{A}}(u)>\mu_{\underset{\sim}{A}^c}(u)$；在[$P_m$,

P_r]区间，$\mu_{\underset{\sim}{A}}(u)<\mu_{\underset{\sim}{A}^c}(u)$（图 3.3）。

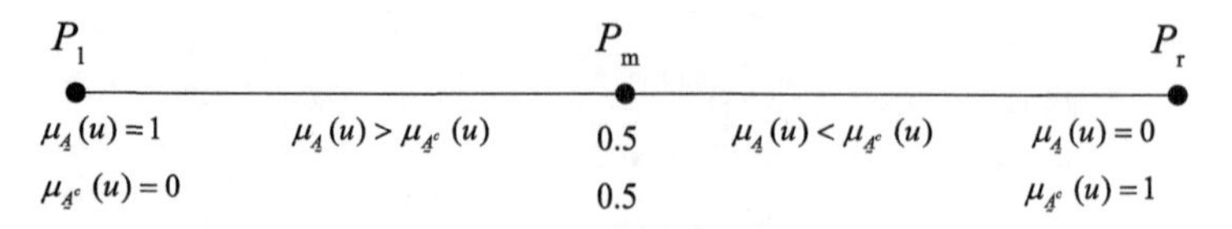

图 3.3　对立模糊集示意图

第三节　本 章 小 结

本章从自然地理和社会经济角度对锦州湾进行了介绍，并对本书的研究方法进行了简单介绍。主要方法有基于面向对象的遥感信息提取、基于 CA 的岸线提取、分析海岸线变化的基线法、模拟海域利用变化及其环境效应的 CLUE-S 模型以及能够将确定性与不确定性作为一个系统进行全面考虑的可变模糊评价方法等。

参 考 文 献

白晓燕，陈晓宏，王兆礼. 2015. 基于面向对象分类的土地利用信息提取及其时空变化研究. 遥感技术与应用, 30(4): 798-809.

摆万奇，张永民，阎建忠，等. 2005. 大渡河上游地区土地利用动态模拟分析. 地理研究, 24(2): 206-212, 323.

陈杰. 2010. 高分辨率遥感影像面向对象分类方法研究. 中南大学博士学位论文.

陈守煜. 2009. 可变模糊集理论与模型及其应用. 大连: 大连理工大学出版社.

陈守煜. 2012. 可变集——可变模糊集的发展及其在水资源系统中的应用. 数学的实践与认识, 42(1): 92-101.

陈守煜，王子茹. 2011. 基于对立统一与质量互变定理的水资源系统可变模糊评价新方法. 水利学报, 42(3): 253-261, 270.

佃袁勇，方圣辉，姚崇怀. 2016. 多尺度分割的高分辨率遥感影像变化检测. 遥感学报, 20(1): 129-137.

费鲜芸, 王婷, 魏雪丽. 2015. 基于多尺度分割的遥感影像滨海湿地分类. 遥感技术与应用, 30(2): 298-303.

冯永玖, 袁佳宇, 宋丽君, 等. 2015. 杭州湾海岸线信息的遥感提取及其变迁分析. 遥感技术与应用, 30(2): 345-352.

傅明珠, 孙萍, 孙霞, 等. 2014. 锦州湾浮游植物群落结构特征及其对环境变化的响应. 生态学报, 34(13): 3650-3660.

高薇. 2010. 开发锦州湾推动环渤海区域经济整合发展. 环渤海经济瞭望, (1): 12-15.

胡茂莹. 2016. 基于高分二号遥感影像面向对象的城市房屋信息提取方法研究. 吉林大学硕士学位论文.

黄明, 张学霞, 张建军, 等. 2012. 基于 CLUE-S 模型的罗玉沟流域多尺度土地利用变化模拟. 资源科学, 34(4): 769-776.

黄小露. 2017. 基于面向对象的锦州湾附近海域围填海类型信息提取及景观格局特征分析. 辽宁师范大学硕士学位论文.

鞠明明, 汪闽, 张东, 等. 2013. 基于面向对象图像分析技术的围填海用海工程遥感监测. 海洋通报, 32(6): 678-684.

柯丽娜, 王权明, 孙新国, 等. 2013. 基于可变模糊识别模型的海水环境质量评价研究. 生态学报, 33(6): 1889-1899.

李慧, 唐韵玮, 刘庆杰, 等. 2015. 一种改进的基于最小生成树的遥感影像多尺度分割方法. 测绘学报, 44(7): 791-796.

李志刚, 李小玉, 高宾, 等. 2011. 基于遥感分析的锦州湾海域填海造地变化. 应用生态学报, 22(4): 943-949.

刘海林, 李伟晶. 2010. 锦州市旱情分析及对策. 东北水利水电, 28(11): 41, 56.

刘鹏, 王庆, 战超, 等. 2015. 基于 DSAS 和 FA 的 1959—2002 年黄河三角洲海岸线演变规律及影响因素研究. 海洋与湖沼, 46(3): 585-594.

盛晟, 刘茂松, 徐驰, 等. 2008. CLUE-S模型在南京市土地利用变化研究中的应用. 生态学杂志, 27(2): 235-239.

宋晓阳, 姜小三, 江东, 等. 2015. 基于面向对象的高分影像分类研究. 遥感技术与应用, 30(1): 99-105.

孙才志, 于广华, 王泽宇, 等. 2014. 环渤海地区海域承载力测度与时空分异分析. 地理科学, 34(5): 513-521.

孙雅静. 2006. 辽宁“五点一线”战略中锦州湾率先突破问题研究. 辽宁工学院学报(社会科学版), (5): 22-25, 111.

孙永光, 李秀珍, 郭文永, 等. 2011. 基于 CLUE-S 模型验证的海岸围垦区景观驱动因子贡献率. 应用生态学报, 22(9): 2391-2398.

王露. 2014. 面向对象的高分辨率遥感影像多尺度分割参数及分类研究. 中南大学硕士学位论文.

王巍巍. 2016. 大气降水对锦州市河流水质的影响分析. 水利规划与设计, (12): 53-55.

肖康, 许惠平, 叶娜. 2013. 基于遥感影像的福建围填海初步研究. 海洋通报, 32(6): 685-694.

杨燕雄, 刘修锦, 邱若峰, 等. 2017. 运用DSAS和SMC分析人工岛建设对岸线变化的影响. 中国海洋大学学报(自然科学版), 47(10): 162-168.

姚晓静, 高义, 杜云艳, 等. 2013. 基于遥感技术的近30a海南岛海岸线时空变化. 自然资源学报, 28(1): 114-125.

詹福雷. 2014. 基于面向对象的高分辨率遥感影像信息提取. 吉林大学硕士学位论文.

章斌, 宋献方, 韩冬梅, 等. 2013. 运用数理统计和模糊数学评价秦皇岛洋戴河平原的海水入侵程度. 地理科学, 33(3): 342-348.

张彩虹, 尹子民, 王丽娜. 2011. 优化锦州湾沿海经济区产业布局的思考. 辽宁工业大学学报(社会科学版), 13(3): 8-10, 31.

张丁轩, 付梅臣, 陶金, 等. 2013. 基于CLUE-S模型的矿业城市土地利用变化情景模拟. 农业工程学报, 29(12): 246-256, 294.

张正健, 李爱农, 雷光斌, 等. 2014. 基于多尺度分割和决策树算法的山区遥感影像变化检测方法——以四川攀西地区为例. 生态学报, 34(24): 7222-7232.

第四章

基于面向对象的遥感影像围填海信息提取

第一节 数据获取及预处理

本书以 GF-2 卫星遥感影像作为示例，说明基于高分辨率遥感影像进行围填海信息提取的技术流程及过程。这里 GF-2 卫星遥感影像的获取时间为 2015 年 7 月，这期间的遥感影像含云雾量较少，能较好地区分耕地、林地、居住用地、工矿用地等围填海附近区域地物覆盖类型。本节研究数据的 XML 文件部分内容如图 4.1、图 4.2 所示。


```
<SatelliteID>GF2</SatelliteID>
<SensorID>PMS2</SensorID>
<ReceiveTime>2015-07-09 02:58:51</ReceiveTime>
<OrbitID>4796</OrbitID>
<ProduceType>STANDARD</ProduceType>
<SceneID>1378852</SceneID>
<ProductID>907591</ProductID>
<ProductLevel>LEVEL1A</ProductLevel>
<ProductQuality />
<ProductQualityReport />
<ProductFormat>GEOTIFF</ProductFormat>
<ProduceTime>2015-07-09 15:49:21</ProduceTime>
<Bands>1,2,3,4</Bands>
<ScenePath>1008</ScenePath>
<SceneRow>136</SceneRow>
<SatPath>1008</SatPath>
<SatRow>136</SatRow>
<SceneCount>1</SceneCount>
<SceneShift>1</SceneShift>
<StartTime>2015-07-09 10:58:50</StartTime>
<EndTime>2015-07-09 10:58:53</EndTime>
<CenterTime>2015-07-09 10:58:51</CenterTime>
<ImageGSD>3.24</ImageGSD>
<WidthInPixels>7300</WidthInPixels>
<HeightInPixels>6908</HeightInPixels>
<WidthInMeters />
<HeightInMeters />
<CloudPercent>1</CloudPercent>
```


图 4.1 多光谱影像的 XML 文件部分信息内容

```xml
<SatelliteID>GF2</SatelliteID>
<SensorID>PMS2</SensorID>
<ReceiveTime>2015-07-09 02:58:51</ReceiveTime>
<OrbitID>4796</OrbitID>
<ProduceType>STANDARD</ProduceType>
<SceneID>1378852</SceneID>
<ProductID>907591</ProductID>
<ProductLevel>LEVEL1A</ProductLevel>
<ProductQuality />
<ProductQualityReport />
<ProductFormat>GEOTIFF</ProductFormat>
<ProduceTime>2015-07-09 15:59:12</ProduceTime>
<Bands>5</Bands>
<ScenePath>1008</ScenePath>
<SceneRow>136</SceneRow>
<SatPath>1008</SatPath>
<SatRow>136</SatRow>
<SceneCount>1</SceneCount>
<SceneShift>1</SceneShift>
<StartTime>2015-07-09 10:58:50</StartTime>
<EndTime>2015-07-09 10:58:53</EndTime>
<CenterTime>2015-07-09 10:58:51</CenterTime>
<ImageGSD>0.81</ImageGSD>
<WidthInPixels>29200</WidthInPixels>
<HeightInPixels>27620</HeightInPixels>
<WidthInMeters />
<HeightInMeters />
<CloudPercent>1</CloudPercent>
```


图 4.2　全色影像的 XML 文件部分信息内容

从研究数据的 XML 文件的信息内容可以知道本节数据来自 GF-2 卫星，传感器是 PMS2，一共有五个波段，包括四个多光谱波段和一个全色波段，多光谱影像数据大小是 7300 像素×6908 像素，全色影像数据大小是 29 200 像素×27 620 像素，数据的采集时间均是 2015 年 7 月 9 日，采集时云量是 1%等。

由于原始数据存在很多干扰，例如地形起伏、传感器误差、大气反射误差引起的点位位移等，所以应该通过影像预处理来降低和消除干扰（肖康等，2013；穆雪男，2014；陈杰，2010）。影像预处理主要包括辐射定标，大气校正，几何校正，影像镶嵌、裁剪和影像增强等过程（陈玮彤等，2016）。本书在遥感图像处理平台 ENVI（the Environment for Visualizing Images）平台上根据所使用数据的实际情况，首先对 GF-2 卫星遥感影像进行辐射定标、大气校正和几何校正的处理，其次对影像进行镶嵌和裁剪，最后对裁剪后的研究区影像数据进行影像增强。具体实验数据预处理流程如图 4.3 所示。

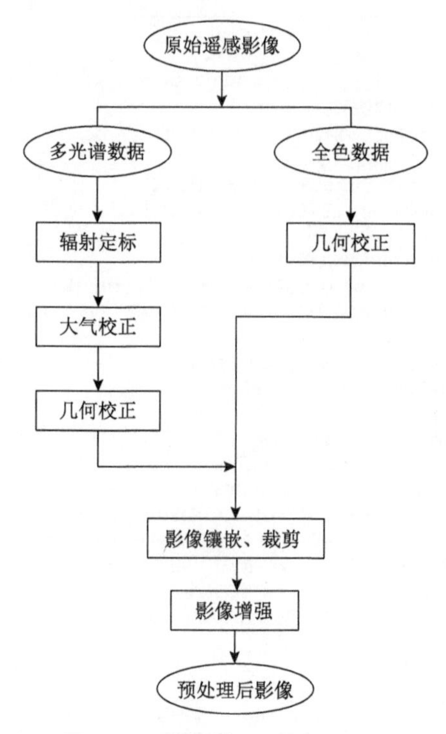

图 4.3　遥感影像预处理流程图

第二节　遥感影像分类参数确定

本书进行影像分类时，首先对面积比较大的地物对象（水体、非水体）进行提取；之后利用对象的继承性在分类的类别中进行进一步提取，如水体类别中对渔业用海、围而未用区域及其他内陆水体进行提取，非水体类别中对植被和非植被进行特征提取；再次将植被类别细分为耕地、林地和草地，而非植被类别中又将裸地结合光谱信息进行提取，剩余则为非裸地地物类型；之后再根据对象的继承性及阈值分类方法对盐业、旅游娱乐用地及填而未建区域进行提取，非裸地类型中结合各地物的特征对城建、港口、沿海工业及路桥地物进行提取。分类信息提取流程如图 4.4 所示。

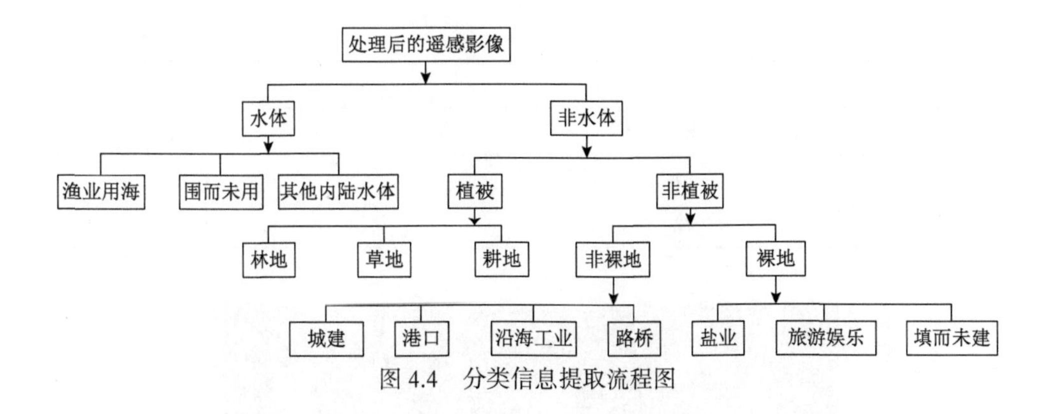

图 4.4　分类信息提取流程图

一、波段权重配置

用 eCognition 软件进行影像多尺度分割时，可以设置参与分割的波段权重。具体的操作为对提取某一类专题信息用处较大的波段赋予较大的权重，而对其他无关紧要的波段设置其不参与分割或者赋予较小的权重。首先在 ENVI 中查看各地物在每个波段的反射率，其次结合各地物的反射光谱曲线进行波段权重配置，从而设置合理的权重以保证后续地物的分割效果。本书确定的各地物分割的波段权重配置见表 4.1，各典型地物的反射光谱曲线见图 4.5～图 4.8。

表 4.1　波段权重配置表

一级类		二级类		三级类		波段权重
编码	名称	编码	名称	编码	名称	
1	农业用围填海	11	渔业			5，4，2，0，1
		12	耕地			3，2，0，5，1
		13	裸地			3，3，5，0，1
		14	林地			3，2，0，5，1
		15	草地			4，3，0，5，1
2	建设用围填海	21	工矿	211	临海工业	4，2，0，3，1
				212	盐业	5，4，3，0，1
		22	交通运输	221	港口	5，4，3，0，1
				222	路桥	5，4，3，0，1
		23	旅游娱乐			5，4，4，0，1
		24	城建			5，2，0，2，1

续表

一级类		二级类		三级类		波段权重
编码	名称	编码	名称	编码	名称	
3	在建围填海	31	填而未建			4，3，0，5，1
		32	围而未用			5，4，2，0，1

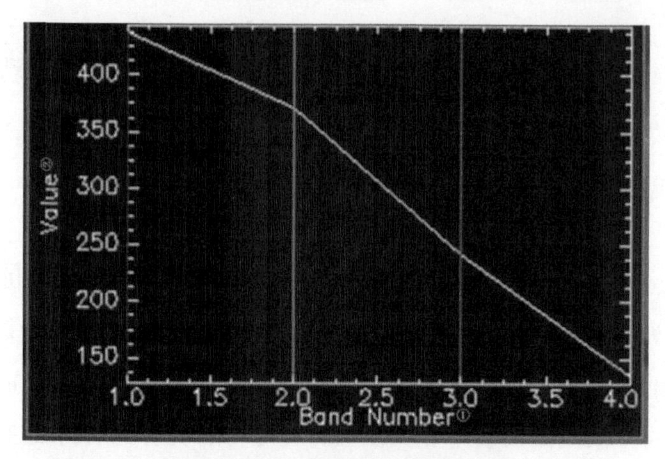

图 4.5　渔业养殖用海光谱曲线图

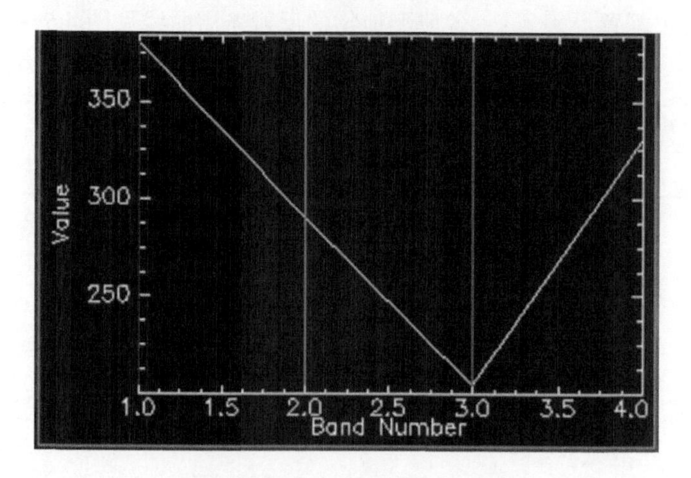

图 4.6　临海工业用海光谱曲线图

① Band Number 为波长。

② Value 为数据值。

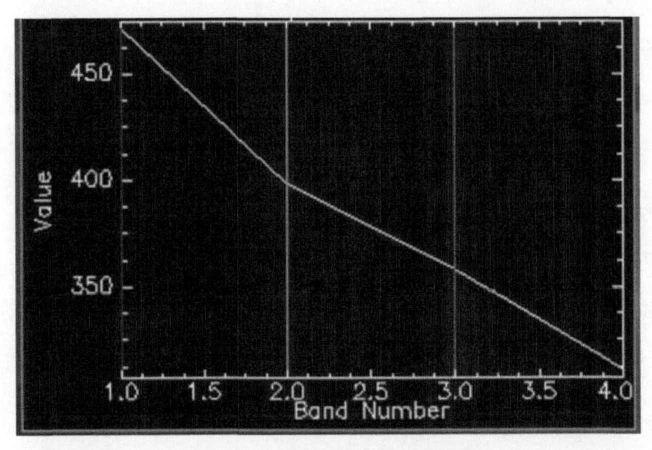

图 4.7　盐业用海光谱曲线图

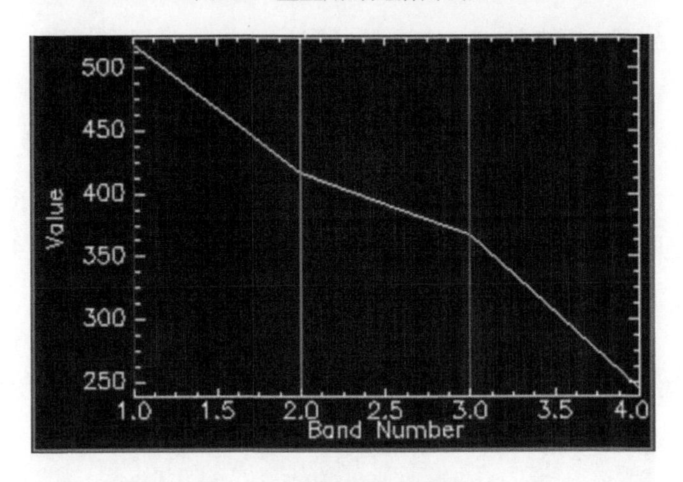

图 4.8　港口用海光谱曲线图

由地物的反射光谱可知，一些地物如路桥、盐业、港口、林地和草地的光谱曲线相似。因此，只依靠光谱差异难以满足高分辨率遥感影像的分类要求，还应考虑其形状、大小、纹理、拓扑关系等因素，从而进行信息的精确提取。

二、尺度参数的选择

多尺度分割方法中的尺度是一个使分割后影像对象内部具有最小异质

性的阈值。对影像进行多尺度分割时，要综合考虑遥感影像的分辨率和研究区面积的大小，进行分割尺度的选择（鞠明明等，2013）。例如，本研究区中临海工业用海分布较广，分割时需要设置较大的分割尺度；城建、港口、旅游娱乐、盐业、渔业用海等设置中等的分割尺度即可；而对于细长或面积较小的独立地物，如路桥、裸地用地等则需要很小的分割尺度，以便于对其进行提取。此外，根据具体情况应相应调整地物的分割尺度。例如，研究区中城建地物分布不规则情况较明显，零星分布地物较多，分割尺度应采用100；临海工业同样分布不规则，经试验发现分割尺度选择300较适合；裸地、旅游娱乐和港口用海虽然分布不广，但单个对象面积较大，因此也采用大尺度进行分割。综上所述，本书把分割尺度设置为三个层次：第一层次分割尺度设置为 100～200，用来提取交通运输中的路桥、城建等用海类型；第二层次分割尺度设置为 250～300，用来提取渔业、临海工业、盐业等用海类型；第三层次分割尺度设置为 400～500，用来提取耕地、港口、裸地、旅游娱乐等用海类型。列举几类典型用海类型分割结果，如图 4.9～图 4.14 所示。

图 4.9　渔业用海（尺度参数：250）

图 4.10　填而未建用海（尺度参数：500）

图 4.11　临海工业用海（尺度参数：300）

图 4.12　盐业用海（尺度参数：300）

图 4.13 港口用海（尺度参数：450）

图 4.14 围而未用用海（尺度参数：500）

三、均质因子的选择

均质因子包括光谱因子和形状因子，由于光谱信息包含遥感影像数据中的主要信息，所以在选择均质因子的时候，光谱因子一般不应该小于 0.3（鞠明明等，2013）。本书通过不断地实验找到了均质因子的契机点，得到了没有锯齿并且规则的遥感影像对象，从而提高了分类精度。具体选择方法为固定分割尺度和波段权重，以不同均质因子对影像进行分割，以临海工业用地类型为例，效果如图 4.15～图 4.20 所示。基于以上思路总结出分割层次最佳的参数组合，如表 4.2 所示。

图 4.15　光谱因子 0.1　形状因子 0.9（详见书末彩图）

图 4.16　光谱因子 0.3　形状因子 0.7（详见书末彩图）

图 4.17　光谱因子 0.5　形状因子 0.5（详见书末彩图）

图 4.18 光谱因子 0.7 形状因子 0.3（详见书末彩图）

图 4.19 光谱因子 0.8 形状因子 0.2（详见书末彩图）

图 4.20 光谱因子 0.9 形状因子 0.1（详见书末彩图）

表 4.2　分割层次最佳参数组合选择

分割层次	类别编码	类别名称	分割尺度	光谱因子	形状因子
层次 1	24	城建	100	0.8	0.6
	222	路桥	100	0.8	0.6
	14	林地	200	0.8	0.4
层次 2	11	渔业	250	0.9	0.5
	211	临海工业	300	0.8	0.5
	212	盐业	300	0.9	0.6
层次 3	15	草地	400	0.9	0.4
	12	耕地	400	0.9	0.4
	221	港口	450	0.7	0.6
	23	旅游娱乐	500	0.9	0.5
	31	填而未建	500	0.9	0.5
	32	围而未用	500	0.9	0.5

第三节　基于分类特征的围填海类型信息提取

一、对象特征提取及筛选

本书根据遥感影像的具体情况，对影像进行分类特征选取时考虑了地物空间特征的光谱特征、形状特征、纹理特征及层次特征，具体如表 4.3 所示。

表 4.3　影像分析常用的对象特征

类别	部分常用特征
光谱特征	NDVI（归一化植被指数），mean（均值），brightness（亮度），maximum difference（最大差值），standard deviation（标准差），ration（比值），area（面积），length/width（长度/宽度），length（长度），width（宽度），NDWI（归一化水体指数）
形状特征	border length（边界长度），shape index（形状指数），density（密度），main direction（主要方向），asymmetry（不对称性），compactness（紧致度），ellipticity（椭圆率），rectangularity（矩形率），slope（坡度）

续表

类别	部分常用特征
纹理特征	（1）灰度共生矩阵（GLCM）：homogeneity（同质性），contrast（对比度），dissimilarity（异质性），entropy（熵），angular second moment（角二阶矩），mean（均值），standard deviation（标准差），correlation（相关性） （2）灰度差异向量（GLDV）：angular second moment（角二阶矩），entropy（熵），mean（均值），contrast（对比度）
层次特征	level（层数），num higher levels（处于上层的层次数），num sublevels（亚层的层次数），num neighbors（邻接对象数），num subobjects（子对象数）

影像分类特征的选取不是越多越好，太多的特征会增加数据量，使信息处理更加复杂，甚至影响到分类器的运行速度和稳定性（胡茂莹，2016；宋晓阳等，2015；白晓燕等，2015）。本书根据不同地物类型的特点，先选取特征类别，再利用其标准差作为评价对象特征信息量的标准进行筛选。这里以围而未用类型为例说明进行对象特征提取筛选的具体流程。首先结合地物特点选取特征类别，选取六个特征类别，分别是光谱特征中的 brightness、area、length/width、NDWI 和形状特征中的 compactness、border length；其次利用 eCognition 平台，将对象特征标准差导出，结果如表 4.4 所示；最后对标准差相对高的特征，也就是包含分类特征信息多的 brightness、area 和 border length 特征保留，剔除标准差低、包含信息少的 length/width、NDWI 和 compactness 等特征。

表 4.4　围而未用特征提取筛选表

特征类别	具体特征类型	标准差
光谱特征	brightness	68.5433
	area	89.9097
	length/width	2.1274
	NDWI	0.1229
形状特征	compactness	7.8920
	border length	78.9512

基于以上思路对研究区各地物类型进行分类特征信息提取筛选，使分类特征更具有代表性，并提高围填海类型分类效率。

再通过自定义特征函数进行相关地物特征的提取，其具体有归一化植被指数、比值植被指数（Ratio Vegetation Index，RVI）和归一化水体指数。具体计算方法如下。

1. NDVI

本节利用植被系数 NDVI 对植被进行提取。利用原始影像中的红色波段反射值（RED）和近红外波段反射值（NIR）通过波段计算得出 NDVI 灰度值影像，其公式具体为

$$\text{NDVI}=\frac{\text{NIR}-\text{RED}}{\text{NIR}+\text{RED}} \tag{4.1}$$

从图 4.21 中可以清楚地看出植被和其他专题要素的阈值存在一定的差异，可以利用这一差异实现对植被的信息提取。

2. RVI

RVI 公式为

$$\text{RVI}=\frac{\text{NIR}}{\text{RED}} \tag{4.2}$$

3. NDWI

利用原始影像中的绿色波段反射值（GREEN）和近红外波段反射值得到 NDWI 灰度值影像，其公式具体为

$$\text{NDWI}=\frac{\text{GREEN}-\text{NIR}}{\text{GREEN}+\text{NIR}} \tag{4.3}$$

从图 4.22 中可以清楚地看出水体和其他专题要素的阈值存在一定的差异，可以利用这一差异实现对水体的信息提取。

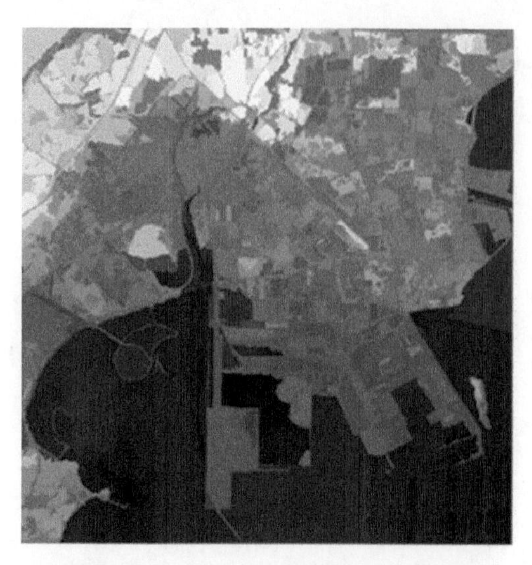

图 4.21 研究区部分区域 NDVI 影像

图 4.22 研究区部分区域 NDWI 影像

研究区各地物类型的分类特征筛选结果如表 4.5 所示。

表 4.5 研究区多层次分类特征选取

分类层次	分类对象	地物特征选择
1	水体	近红外波段均值
	非水体	研究区中剩余地物

续表

分类层次	分类对象	地物特征选择
2	渔业	length/width、NDWI、brightness
	其他水体	length/width、NDWI、brightness
	围而未用	area、brightness、border length
3	植被	NDVI
	非植被	非水体中剩余地物
4	林地	length/width、NDVI、compactness
	草地	NDVI、RVI、brightness
	耕地	NDVI、RVI、brightness
5	裸地	NDVI
	非裸地	非植被中剩余地物
6	城建	NDWI、brightness、slope、shape index
	港口	brightness、shape index
	临海工业	shape index
	路桥	brightness、length、width
7	盐业	density
	旅游娱乐	density
	填而未建	slope、NDVI、border length、compactness、shape index

二、遥感影像分类

本书分类流程具体为：先进行大面积类型的地物区分，采用模糊分类的方法提取出水体与非水体类型。在分割的基础上利用近红外波段查找水体类型的隶属度模糊区间，并建立模糊分类规则，从而对水体与非水体类型进行分类提取，根据隶属度阈值与隶属关系确定模糊函数类型。这里当隶属度阈值为 196 时，地物一定属于水体，因此隶属度为 1；当阈值为 230 时，地物一定为非水体，因此隶属度为 0。从而确定模糊函数类型如图 4.23 所示，水体与非水体分类结果如图 4.24 所示。

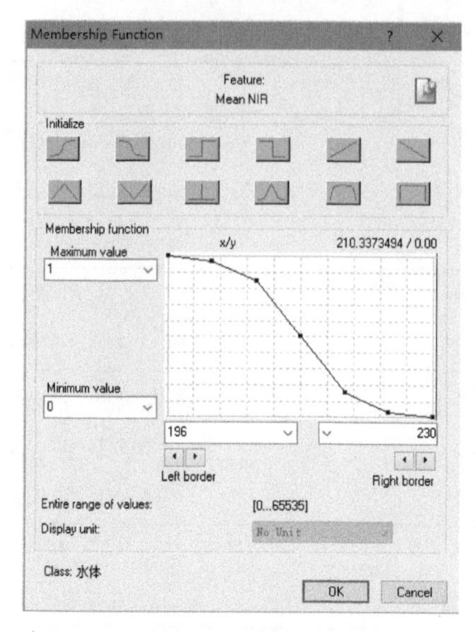

图 4.23　水体与非水体模糊函数确定

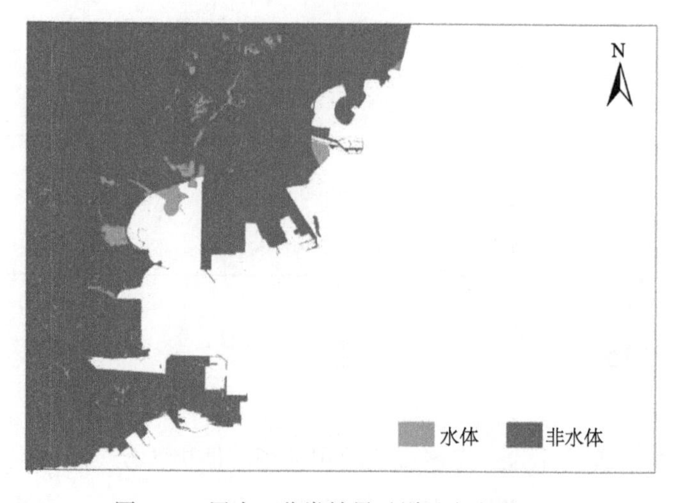

图 4.24　层次 1 分类结果（详见书末彩图）

接下来将水体中的渔业与其他内陆水体进行分类。由于该层中渔业用海和其他内陆水体具有相似的光谱特征，因此采用最近邻分类法对二者进行信息提取，结果如图 4.25 所示。接着区分植被与非植被用地类型，由于研究区中植被类型地物的分布面积较广泛且有较好的光谱特征，因此采用模糊分类的方法进行地物信息提取。先确定植被在自定义特征 NDVI 中的隶属度范围，再建立模糊分类规则，规则如表 4.6 所示，从而实现信息的提取，植被类型信息提取效果如图 4.26 所示。下面对林地、草地和耕地信息进行提取，采用最近邻分类法对植被类型进行进一步分类，通过之前确定的信息特征及选择的分类样本对样本进行训练，最后分类出林地、草地和耕地用地类型，分类结果如图 4.27 所示。裸地与非裸地类型分类方法同样采用较灵活的分类方法——最近邻分类法对地物类型信息进行分类提取，分类结果如图 4.28 所示。在对城建、港口、临海工业和路桥信息进行提取时，由于其分别属于不同的分割层次，因此相应在不同的分割层中对地物进行样本选取，分类结果如图 4.29 所示。在对盐业、填而未建和旅游娱乐用地类型进行分类时，同样对不同分割层中的信息进行样本选择，然后通过确定的信息特征对样本进行训练，最后通过规则计算把隶属度高的对象归到该类别中，完成目标地物类型的提取，分类结果如图 4.30 所示。最终分类结果如图 4.31 所示。

表 4.6　地物的模糊分类规则

分类层次	分类对象	特征选择	规则函数	最佳阈值	阈值单位
1	水体	近红外波段均值		[196，230]	—
3	植被	NDVI		[−0.1，0.3]	像素

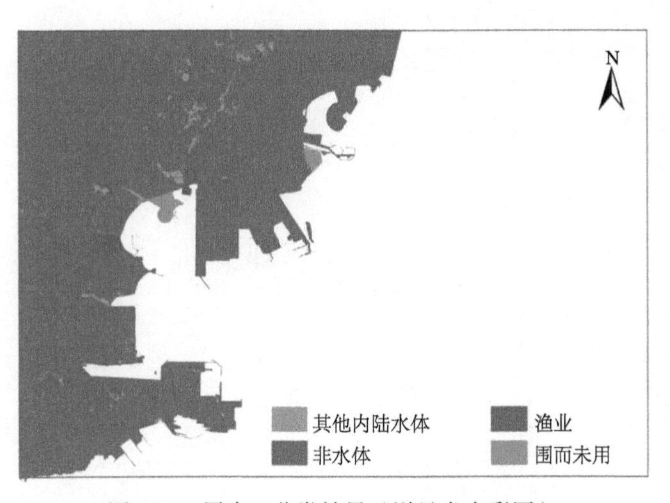

图 4.25　层次 2 分类结果（详见书末彩图）

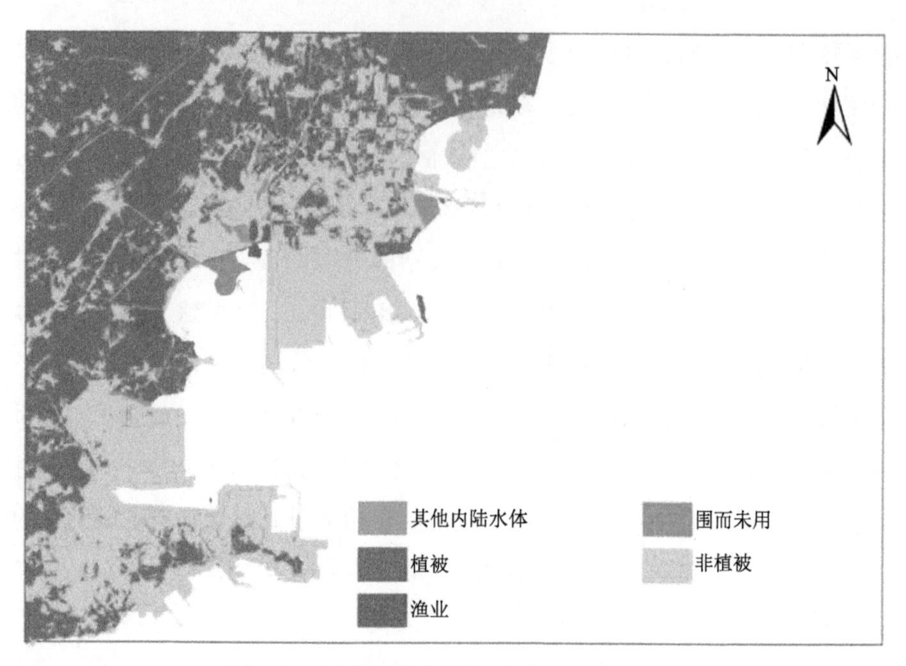

图 4.26　层次 3 分类结果（详见书末彩图）

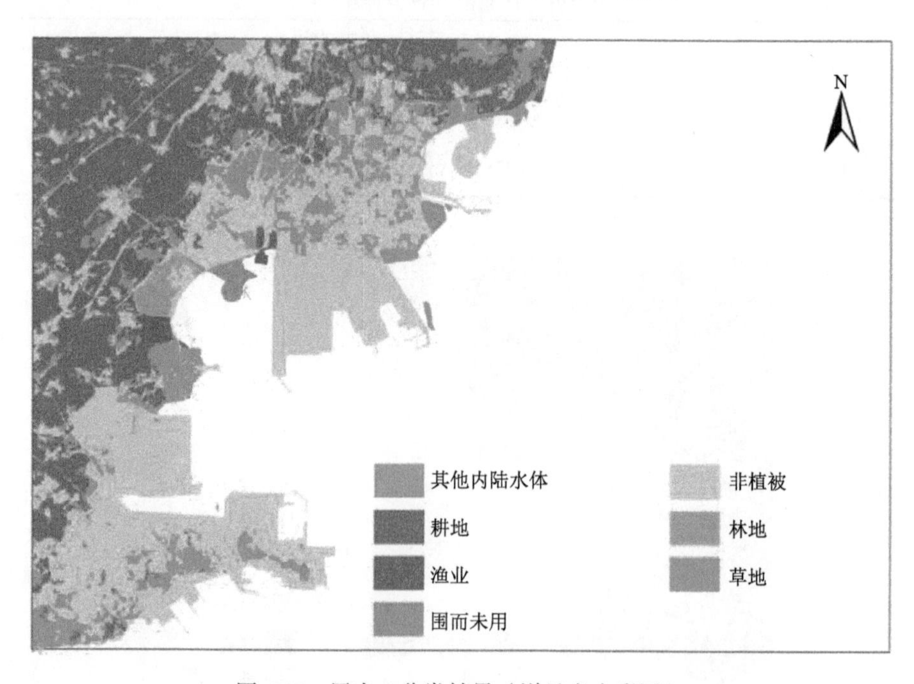

图 4.27　层次 4 分类结果（详见书末彩图）

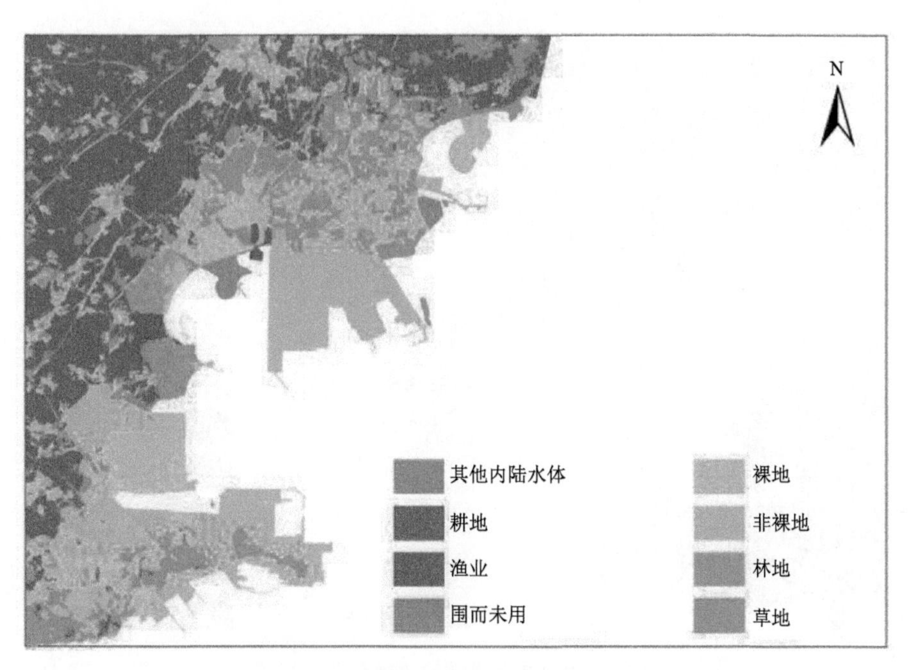

图 4.28　层次 5 分类结果（详见书末彩图）

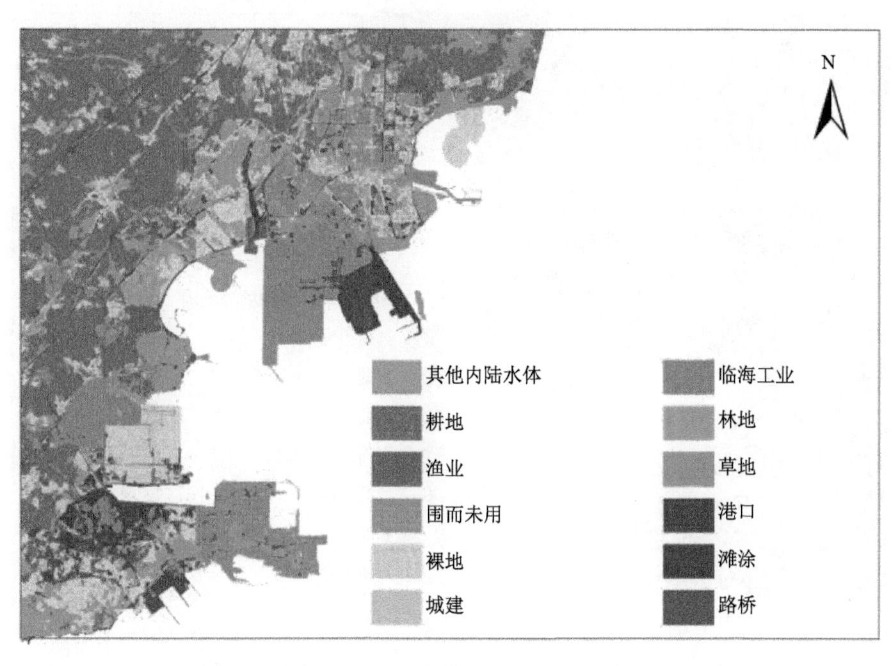

图 4.29　层次 6 分类结果（详见书末彩图）

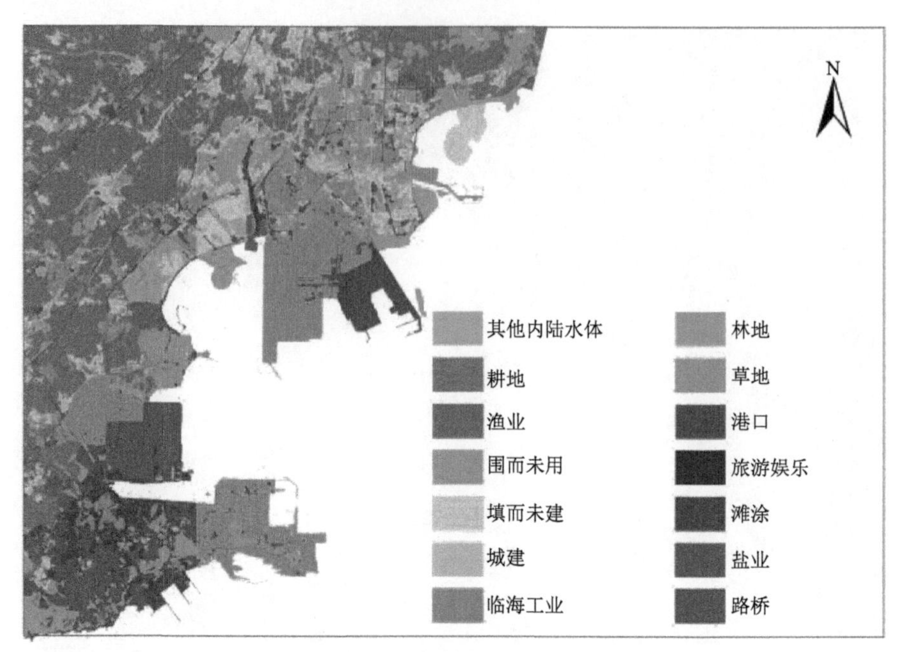

图 4.30 层次 7 分类结果（详见书末彩图）

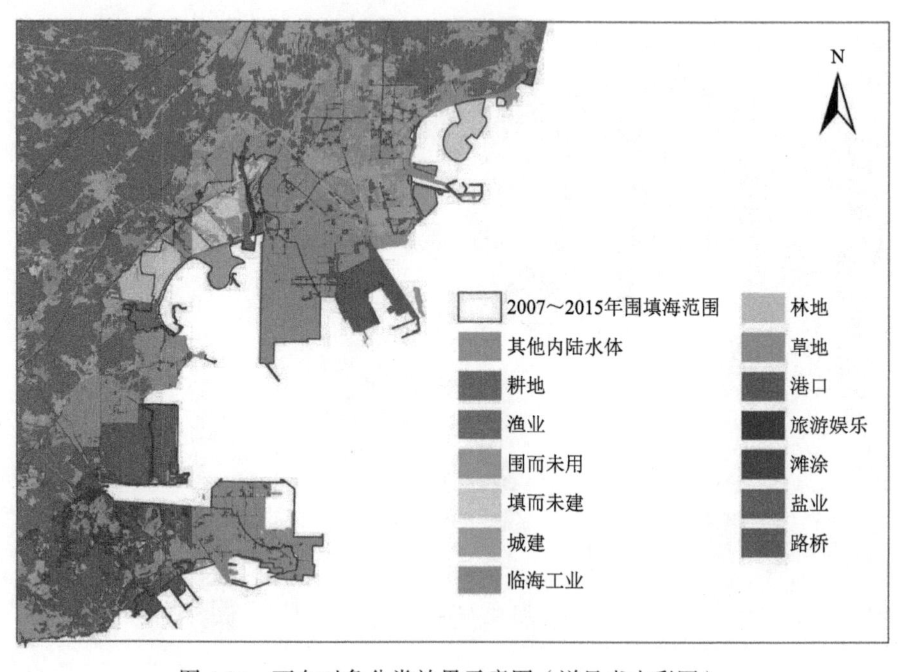

图 4.31 面向对象分类效果示意图（详见书末彩图）

本节在 ENVI 软件环境下采用基于像元的监督分类方法对遥感影像进行围填海类型信息提取，得到如图 4.32 所示结果，并将该结果与面向对象信息提取方法的结果精度进行比较。对图 4.31、图 4.32 进行对比分析可以得出，面向对象信息提取方法得到的信息提取结果比基于像元信息提取方法更为理想，“椒盐现象”基本消除了，信息提取的整体性更好。采用基于像元的监督分类方法的影像分类结果模糊粗糙，遗漏很多细节，地物类别错分，基于面向对象的 GF-2 卫星遥感影像的围填海信息提取结果在细节描述上远远胜过基于像元的遥感影像信息提取结果。

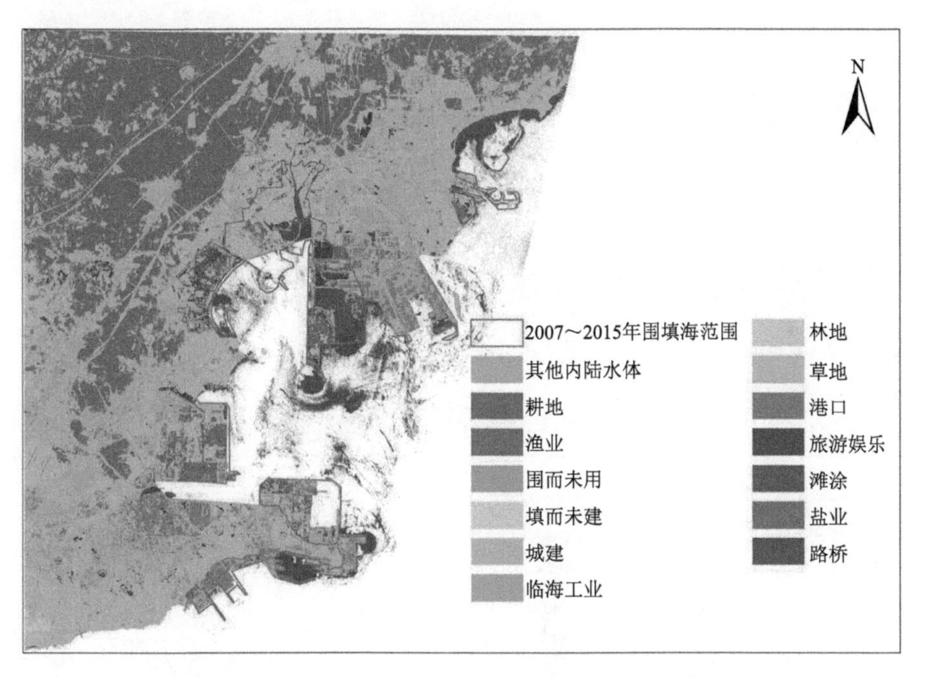

图 4.32　基于像元的分类效果示意图（详见书末彩图）

自动分类完成后进行人工目视解译修正。参考卫星地图进行人工目视解译修正后，将最终得到的分类图加载到 ArcGIS 平台中，进行属性统计，结果如表 4.7、图 4.33 所示。

表 4.7 分类后所得各围填海类型面积及百分比

一级类		二级类		三级类		面积/公顷	占比/%
编码	名称	编码	名称	编码	名称		
1	农业用围填海	11	渔业			14.71	4.50
		12	耕地			1.03	0.31
		13	林地			0.00	0.00
		14	草地			0.00	0.00
		小计				15.74	4.81
2	建设用围填海	21	工矿	211	临海工业	138.81	42.44
				212	盐业	27.74	8.48
		22	交通运输	221	港口	11.79	3.60
				222	路桥	23.49	7.18
		23	旅游娱乐			0.36	0.11
		24	城建			16.17	4.94
		小计				218.36	66.76
3	在建围填海	31	填而未建			72.95	22.30
		32	围而未用			20.02	6.12
		小计				92.97	28.43
合计						327.07	100.00

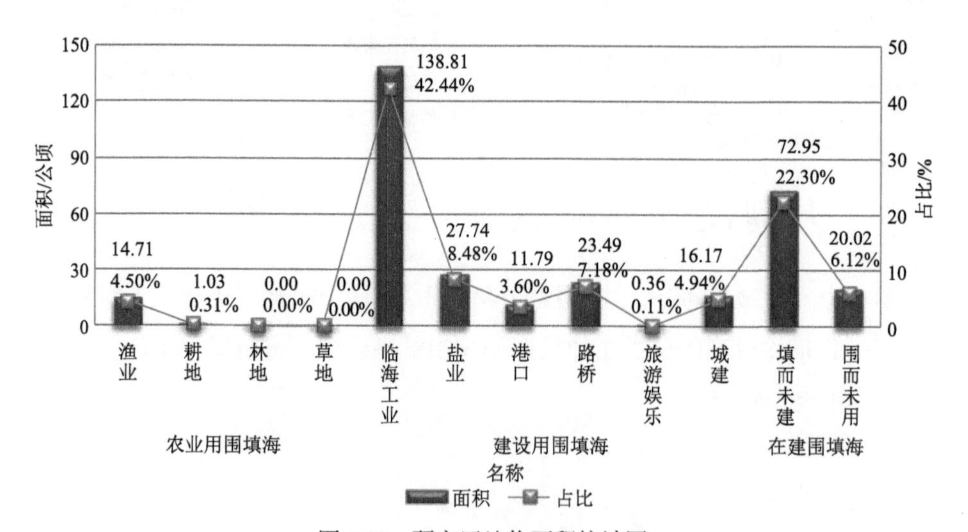

图 4.33 研究区地物面积统计图

三、围填海类型提取

为了客观地评价面向对象围填海活动类型信息提取的精度，本书利用混淆矩阵和 Kappa 系数对面向对象的分类方法和传统的基于像元的监督分类方法结果进行精度评估。混淆矩阵是一个 i 行 i 列的矩阵，通过对检验样区内所有像元统计其分类图中的类别与实际（参考）类别之间的混淆程度来进行精度评估，主要包括生产者精度、用户精度和总体精度三种评价指标。分类精度评价采用 eCognition 提供的基于对象的误差矩阵精度评价方法，在研究区遥感影像上随机选取样本点作为分类精度的检验标准，具体分类精度评价结果如表 4.8 所示，传统的基于像元的监督分类方法的精度评价结果如表 4.9 所示。

表 4.8　面向对象的分类精度评价表

分类	耕地	城建	路桥	渔业	临海工业	港口	旅游娱乐	盐业	填而未建	围而未用
耕地	15	0	0	0	0	0	0	0	0	0
城建	0	63	1	0	0	0	0	0	0	0
路桥	0	12	15	0	2	0	0	0	0	0
渔业	0	0	0	19	0	0	0	0	0	1
临海工业	0	15	0	0	32	1	0	0	0	0
港口	0	6	1	0	0	18	0	0	0	0
旅游娱乐	0	0	0	0	0	0	21	1	1	0
盐业	0	0	0	0	0	0	0	6	1	0
填而未建	2	0	0	0	0	0	3	1	5	0
围而未用	0	0	0	2	0	0	0	0	0	6
生产者精度/%	84.21	94.12	94.12	94.66	95.45	95.12	92.55	92.36	89.85	92.55
用户精度/%	100	88.89	76.20	95.62	100	94.52	96.23	95.56	90.63	96.23
总体精度/%	93.52									
Kappa 系数	0.9232									

表 4.9 基于像元的监督分类精度评价表

分类	耕地	城建	路桥	渔业	临海工业	港口	旅游娱乐	盐业	填而未建	围而未用
耕地	15	0	0	0	0	0	0	0	0	0
城建	0	26	4	0	6	2	0	0	0	0
路桥	0	8	23	0	2	5	0	0	2	0
渔业	0	0	0	10	0	0	0	0	0	6
临海工业	0	6	2	0	28	3	1	2	0	0
港口	0	3	0	0	1	15	1	0	0	0
旅游娱乐	0	0	2	0	0	0	20	8	6	0
盐业	2	0	0	0	0	0	5	25	0	0
填而未建	6	0	1	0	0	0	8	6	22	0
围而未用	0	0	0	4	0	0	0	0	0	16
生产者精度/%	73.25	78.92	68.23	64.66	75.45	65.12	72.55	72.36	65.56	62.55
用户精度/%	77.42	65.15	67.89	65.62	65.00	74.52	66.23	75.56	65.58	66.23
总体精度/%	73.95									
Kappa 系数	0.7221									

综上所述，面向对象的分类精度达到了 93.52%，Kappa 系数为 0.9232，分类效果较好，基本能够满足用户的需求。基于像元的监督分类精度为 73.95%，Kappa 系数为 0.7221。面向对象分类精度比基于像元的监督分类精度提高了 19.57%，Kappa 系数提高了 0.2011。

通过围填海类型信息提取结果可知，2015 年研究范围内各用途围填海类型中占比最大的是临海工业用海类型，面积达到 138.81 公顷，占研究区总面积的 42.44%；其次是填而未建用海类型，面积为 72.95 公顷，占研究区总面积的 22.30%；再次是盐业用海类型，用地面积达到 27.74 公顷，占研究区总面积的 8.48%。相比于 2010 年，五年来新增填海造陆面积 323.06 公顷，主要集中在锦州港、葫芦岛港及临海工业区附近。其中，临海工业用海新增面积为 137.65 公顷，占总新增面积的 42.60%，以渤船重工和锦州港周边工业区增长最为显著；填而未建用海新增面积为 72.84 公顷，占总新增面积的 22.54%，用以作为吸引投资或为该区域进一步发展的海域储备；盐业等其他用海类型新增面积累计占总新增面积的34.86%。

临海工业作为研究区内优势类型之一，近年来面积大幅增加，具体原因为随着辽宁沿海经济带开发开放上升为国家战略，锦州市大力发展海洋经济和临港产业集群，促进港、城、区良性互动发展，产业结构不断优化升级，随着当地经济的发展，工业建厂的需求增加，使得临海工业用海面积增多。此外，由于锦州湾围填海进程不断发展，填而未建用海的面积也在不断加大，出现大量未利用的低效盐田、低效养殖池塘等，也提醒相关部门，要注重围填海利用效率及利用类型的合理配置。同样作为优势类型的还有盐业用海，研究区早期盐业用海为该区域的主要用海类型，后期随着该区域经济发展的需要，用海类型发生变化，但盐业用海面积增长依然较大。

第四节　本 章 小 结

本章详细论述了面向对象的围填海信息提取技术的技术流程，以GF-2卫星遥感影像为示例，首先采用面向对象的信息提取方法，运用eCognition软件对高分遥感影像进行尺度分割，其过程包括波段权重配置、尺度参数和均质因子的选择；其次根据影像特征建立特征提取函数，提取研究区围填海类型信息；最后对面向对象的分类方法和传统的基于像元的监督分类方法结果进行精度评估，证实面向对象的分类方法精度明显高于传统的基于像元的监督分类方法。

参 考 文 献

白晓燕，陈晓宏，王兆礼. 2015. 基于面向对象分类的土地利用信息提取及其时空变化研究. 遥感技术与应用, 30(4): 798-809.

陈杰. 2010. 高分辨率遥感影像面向对象分类方法研究. 中南大学博士学位论文.

陈玮彤, 张东, 刘鑫, 等. 2016. 围填海对南通淤泥质海岸资源影响的综合评价研究. 长江流域资源与环境, 25(1): 48-54.

胡茂莹. 2016. 基于GF-2遥感影像面向对象的城市房屋信息提取方法研究. 吉林大学硕士学位论文.

鞠明明, 汪闽, 张东, 等. 2013. 基于面向对象图像分析技术的围填海用海工程遥感监测. 海洋通报, 32(6): 678-684.

穆雪男. 2014. 天津滨海新区围填海演进过程与岸线、湿地变化关系研究. 天津大学博士学位论文.

宋晓阳, 姜小三, 江东, 等. 2015. 基于面向对象的高分影像分类研究. 遥感技术与应用, 30(1): 99-105.

肖康, 许惠平, 叶娜. 2013. 基于遥感影像的福建围填海初步研究. 海洋通报, 32(6): 685-694.

詹福雷. 2014. 基于面向对象的高分辨率遥感影像信息提取. 吉林大学硕士学位论文.

第五章

围填海时空演变分析

辽宁省锦州湾海域是我国开发利用海洋资源比较活跃的地区之一，集中了港口、滩涂养殖、有色金属生产等多种经济活动。近年来，作为辽宁省“五点一线”战略的重要建设区域，锦州湾海域围填海规模不断扩大，主要用途从早期的围海晒盐、围海造田、围海养殖，转变为近十几年的港口用地和工业用地。大规模的围填海活动蚕食了40%以上的锦州湾海域面积，造成了海湾空间形态的改变，纳潮量明显减少，泥沙冲淤过程失衡，污染物净化能力降低，直接破坏了锦州湾海岸线附近海洋生物的栖息环境，生态健康持续处于亚健康状态，因此本节选择锦州湾及其附近海域作为研究区域。

目前，基于 RS 技术和 GIS 技术进行海岸线和海岸带变化的探讨在国内外已经有一些相关的研究。Yagoub 和 Kolan（2006）研究发现阿联酋阿布扎比海岸带湿地等自然植被区明显减少，而人工种植园大幅增加；Kumar 等（2010）通过遥感影像、地形图等多源数据还原了 1910～2005 年印度卡纳塔克海岸的变化情况；高义等（2011）对广东省大陆海岸线空间变化及其驱动因素进行探讨；黄鹄等（2006）借助 GIS 平台对广西海岸线时空变化特征进行了分析；常军等（2004）探讨了黄河口海岸线演变的时空特征及其与黄河来水来沙的关系；宫立新等（2008）研究了 1986～2004 年烟台典型地区海湾海岸线变化，认为人为因素是烟台海岸线长度波动的主要原因；李猷等（2009）分析了深圳市 1978～2005 年海岸线时空动态演变特征，并探讨其驱动因素。

这些研究为我们进一步研究海岸线、海岸带及其时空演变奠定了基础，但总体来看，目前国内外对海岸线、海岸带时空变化的研究多集中于对填海造陆的动态分布变化进行定性分析（李行等，2014；张君珏等，2016），还缺乏从海岸线变化、围填海面积、围填海利用结构、围填海强度指数、围填海质心变化等方面进行围填海空间格局变化的定量分析。因此本书将选择锦州湾附近海域为研究对象，借助 Landsat TM、SPOT 卫星影像，环境卫星 HJ-1 CCD 等多源遥感影像，对围填海的分布、面积、利用情况等方面进行深入分析，挖掘该区域围填海时空演变的规律，以期为该地区围填海开发、控制、管理提供科学依据与技术方法。

第一节　数据来源及预处理

锦州市沿海地处我国沿海纬度最高的地区，冬季（11 月～翌年 4 月）平均水温为–0.7℃，故一般年份沿海区均有冰情发生。为了尽量减少海冰对图像判读的影响，本书通过利用多波段组合选择最优图像，来达到弱化海冰的影响。同时考虑到云量对数据精度的影响，本书优先选择云量相对较小的遥感影像数据。书中用到的数据有 1991 年、1995 年、2000 年的 Landsat TM 影像数据，2005 年的 SPOT 卫星影像和 2010 年的环境卫星 HJ-1 CCD、2014 年的 SPOT 卫星影像数据，以及锦州湾附近陆地交通地图、海图、数字高程模型（DEM）和行政区划图等，具体见表 5.1。对收集的数据资料进行质量检查，并对遥感影像数据在 ENVI 环境下进行预处理，包含几何校正、裁剪、拼接、图像融合、去条带等，利用 haze_tool 去云插件，在 ENVI 中对遥感影像进行去云处理。

表 5.1　研究所用的相关数据

<table>
<tr><th>数据类型</th><th>具体类型</th><th>数据描述</th><th>分辨率</th><th>数据来源</th><th>备注</th></tr>
<tr><td rowspan="6">遥感影像</td><td>Landsat TM 影像数据</td><td>1991/10/14</td><td>30 米</td><td>地理空间数据云</td><td rowspan="6">优先选择云量少的影像数据</td></tr>
<tr><td>Landsat TM 影像数据</td><td>1995/10/04</td><td>30 米</td><td>地理空间数据云</td></tr>
<tr><td>Landsat TM 影像数据</td><td>2000/11/05</td><td>30 米</td><td>地理空间数据云</td></tr>
<tr><td>SPOT 卫星影像数据</td><td>2005/09/26</td><td>10 米</td><td>中国遥感数据网</td></tr>
<tr><td>环境卫星 HJ-1 CCD</td><td>2010/09/27</td><td>30 米</td><td>中国资源卫星应用中心</td></tr>
<tr><td>SPOT 卫星影像数据</td><td>2014/10/30</td><td>10 米</td><td>中国科学院遥感与数字地球研究所</td></tr>
<tr><td rowspan="6">其他数据</td><td rowspan="3">交通地图</td><td>辽宁省交通地图集</td><td>1：91 万</td><td rowspan="3">第一站</td><td rowspan="6"></td></tr>
<tr><td>锦州市交通地图集</td><td>1：91 万</td></tr>
<tr><td>葫芦岛市交通地图集</td><td>1：91 万</td></tr>
<tr><td>海图</td><td>锦州湾及其附近海域海图</td><td>1：3 万</td><td>中国海事局</td></tr>
<tr><td>行政区划图</td><td>锦州地图</td><td>1：100 万</td><td>地图窝</td></tr>
<tr><td>DEM</td><td>SRTM 格式</td><td>90 米</td><td>地理空间数据云</td></tr>
</table>

第二节 研究方法

本节基于遥感调查、资料收集对比验证等，对锦州湾不同年份的围填海信息进行提取，对锦州湾围填海空间格局变化特征进行分析，深入研究锦州湾围填海分布的面积、利用情况及时空演变等，建立锦州湾区域围填海时空格局及其环境资源信息数据集，明确锦州湾围填海时空分布演变特征，并对锦州湾围填海空间格局变化进行评价。

一、基于 CA 的岸线提取

CA 在图像分类与模式识别中的作用明显，越来越多的学者将其用于混合像元分解及图像边缘检测等（冯永玖和韩震，2012）。

以带有方向信息权重的邻域元胞灰度指数作为海陆分离的指标，表示如式（5.1）。

$$G_{N_{ei}} = \frac{\sum_{i=1}^{N} W_i \times C_i}{n \times n - 1} \tag{5.1}$$

式中，n 是元胞邻域半径，N 是邻域元胞的总数量（$N = n \times n - 1$），C_i 是第 i 个元胞的灰度值，W_i 是第 i 个元胞的权重，$G_{N_{ei}}$ 是元胞邻域决定的灰度指数。权重 W 是一个带有方向信息的矩阵。一个良好的方向信息矩阵应尽可能检测出图像中各个方向上的灰度值突变信息，该方向信息矩阵也可以被称为“模板”。

在海陆分离二值化图像的基础上再进行水边线目标的追踪，具体过程为：通过定义模板对图像中的每个元胞（像元）进行上下左右邻域的检测；当中心元胞的邻域内存在一个水域元胞，则该中心元胞即为水边线的组成部分，同时给该元胞赋以不同于陆地和水域的固定灰度值；当整个图像经模板检测完毕，再将海岸线元胞以外的图像设置为背景，即可获取完整的水边线信息。

二、海岸线提取误差分析

本书利用 2008 年辽宁省海域勘界数据对提取的海岸线进行误差分析,2008 年辽宁省海域勘界数据是由实测数据获得的，精度较高，可以作为岸线精度评价的标准。

本书选取了各年份未发生变迁区域的海岸线进行提取误差分析，并在选取岸段上均匀地布点，逐个计算各测量点到提取岸线的垂直距离，并计算误差，如式（5.2）所示。

$$\mathrm{RMS}=\sqrt{\frac{D_1^2+D_2^2+\cdots+D_n^2}{n}} \tag{5.2}$$

式中，RMS 为海岸线提取误差，n 为选取的测量点个数，D 为测量点到提取岸线的垂直距离。经检查解译的海岸线类型和实测数据比对精度为 93%，能满足本书研究的需要。

三、海岸线变化速率

根据海岸线变迁分析的需要，本书选取了海岸线年平均变化速率、终点变化速率，用于对锦州湾海岸线变迁进行定量分析。

海岸线年平均变化速率的计算公式为

$$R_{ij}=\frac{R_j-R_i}{L_i\bullet\Delta Y_{ij}} \tag{5.3}$$

式中，R_{ij} 是相邻年份间的海岸线年平均变化速率，R_j 为第 j 期海岸线与研究区陆域纵、横边界所围区域的面积，R_i 为第 i 期海岸线与研究区陆域纵、横边界所围区域的面积，L_i 为第 i 期海岸线的长度，ΔY_{ij} 为第 j 期与第 i 期海岸线年份数的差值。

终点变化速率的计算公式为

$$E_{ij}=\frac{d_j-d_i}{\Delta Y_{ij}} \quad (5.4)$$

式中，E_{ij} 是相邻年份间沿切线方向的海岸线终点变化速率，d_j 为沿切线方向的第 j 期海岸线到基线的距离，d_i 为沿切线的第 i 期海岸线到基线的距离，ΔY_{ij} 为第 j 期与第 i 期海岸线年份数的差值。

四、海岸线曲折度

曲折性是海岸线的一个基本属性，也是表征海岸线受海洋自然环境及社会经济发展影响的一个重要指标。曲折度即为折线两点之间的距离与直线距离的比值，具体计算公式为

$$T=\frac{\sum_{i=1}^{n}L}{\sum_{i=1}^{n}L_S} \quad (5.5)$$

式中，T 为海岸线曲折度，L 为岸段间的岸线长度，L_S 为岸段之间的海岸线基线的长度，i 为研究区内的岸段数量。

五、围填海利用类型的解译及解译标志的建立

结合收集到的锦州湾区域历史地形图及海图资料、社会经济统计资料、海洋环境监测数据等，依据围填海的各种利用类型的光谱信息及空间信息的差异，与调查资料、DEM 数据相结合，分析研究区围填海各类型的图谱特征，建立研究区海域利用类型的解译标志（表 5.2），从而明确各类型围填海的分布及利用情况。

表 5.2　围填海利用类型划分及其解译标志（详见书末彩图）

Ⅰ级	Ⅱ级	定义	图示	解译标志
渔业用海	围海养殖用海	指围海筑塘用以养殖的海域		一般在沿岸，呈规则的条状，水体呈蓝绿色

续表

Ⅰ级	Ⅱ级	定义	图示	解译标志
工业用海	盐业用海	指工业用海中将海水引进、蒸发、晒盐的平地，多位于滨海		靠近海岸，呈规则的矩形，带有白色点状
交通运输	港口用海	指供船舶停靠、进行装卸作业、避风和调动所使用的海域		在沿岸处，呈几何状，港口多有货船停靠
造地工程用海	城镇建设填海造地用海	为用于大规模城镇建设的人工造地，一般依托海岸线，呈块状分布		依托海岸线，呈块状，连片布置，整体规模很大
未利用	围而未用及填而未用	指已经围海或填海，但尚未实施利用的造地区		呈现白色，没有明显的地物出现

六、围填海空间格局指标

围填海空间格局分析采用强度指数及质心坐标对锦州湾围填海情况进行具体分析，计算公式和变量、指标含义如表 5.3 所示。

表 5.3　围填海空间格局指标

空间格局指标	计算公式	变量含义	指标含义
强度指数	$R=\frac{S}{L}$	S 表示围填海面积，L 表示海岸线长度	表示一定区域范围内围填海的规模与强度
质心坐标	$X_C=\frac{\sum_{i=1}^{n}C_iX_i}{\sum_{i=1}^{n}C_i}$ $Y_C=\frac{\sum_{i=1}^{n}C_iY_i}{\sum_{i=1}^{n}C_i}$	X_i 和 Y_i 是某一景观类型的第 i 个斑块的质心坐标，C_i 为某一景观类型的第 i 个斑块的面积，n 是某一景观类型的斑块总数	X_C 和 Y_C 是按面积加权的景观类型质心坐标，从空间上描述围填海类型的时空演变特征，通过分析各研究时段的围填海类型分布质心，可发现围填海空间变化趋势

第三节 结果与分析

一、海岸线变化分析

1. 海岸线变化强度分析

根据锦州湾海岸线数据计算得到锦州湾海岸线长度及海岸线变化强度，如图 5.1 所示。由此可得，1991～2014 年锦州湾海岸线长度逐年增加，23 年共增长了约 19.86 千米；海岸线变化强度出现了两个峰值，即 1995 年为 5.87%，2010 年为 11.15%，这表明 1991～1995 年和 2005～2010 年这两个时间段内锦州湾海岸线长度增加迅速。1991～1995 年是围海养殖和盐业用海的快速发展时期，在龙港区笊笠头子和开发区打渔山附近海域都进行了大规模的造地工程，用于围垦农田和养殖，导致海岸线长度增加了 4.89 千米，变化强度达到 5.87%；1995～2000 年随着填海造陆进程的放缓，海岸线变化强度也降低至 0.91%，造成这种情况的主要原因是龙港区灯塔山附近未利用地区的开发和锦州港的港口扩建；2000～2005 年海岸线变化强度上升为 4.00%，这主要是因为连山区新地号附近的填海工程和锦州港的进一步开发；锦州湾自 2005 年开始重点发展工业建设，因此北港工业区及其附近开始迅速扩展，连山区新地号附近区域的港口用海也大面积扩建，使海岸线在 2005～2010 年增长了近 10.33 千米，2010 年海岸线变化强度高达 11.15%，是 23 年间锦州湾海岸线增长最快的时间段；到 2014 年，由于位于西海口海域的围海养殖扩建工程的开展，海岸线变化强度减弱，降至 0.26%。

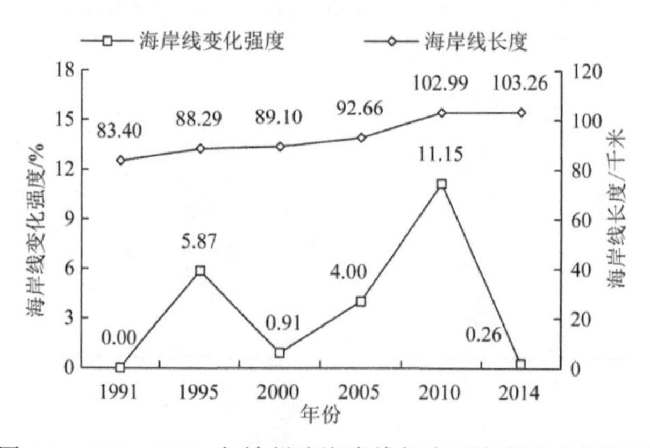

图 5.1 1991～2014 年锦州湾海岸线长度及海岸线变化强度

2. 海岸线曲折度变化分析

本书在提取锦州湾海岸线数据的基础上,计算得到了海岸线曲折度(图 5.2),以研究锦州湾海岸线受海洋环境及社会经济发展的影响程度。1991 年锦州湾海岸线曲折度为 2.12,1991～1995 年北岗工业区附近海域填海造陆面积高达 10.21 平方千米，用于盐业用海和围海养殖，灯塔山附近新增了大面积盐业用海，随着锦州港的港口经济发展水平逐步上升，港口用海面积达 1.34 平方千米，大规模的人工填海造陆工程导致 1991～1995 年海岸线曲折度变化速率高达 0.52；1995～2000 年造陆进程放缓，锦州港的港口用海面积增加，龙岗区牛营子附近海域的部分未利用区域开发为盐业用海，因此海岸线曲折度变化速率仅为 0.07；2000～2010 年锦州湾开始重点发展工业和港口经济，因此海岸线曲折度变化速率加快，在 0.07～0.30 浮动，主要在北岗工业区附近海域填海造陆，加快了工业建设，同时葫芦岛港和锦州港地区大力发展港口经济；2010～2014 年在小笔山附近海域港口用海增加，部分区域的围海养殖和盐业用海被改造为工业用海，工业建设的加快，使海岸线曲折度变化速率降到 0.05。

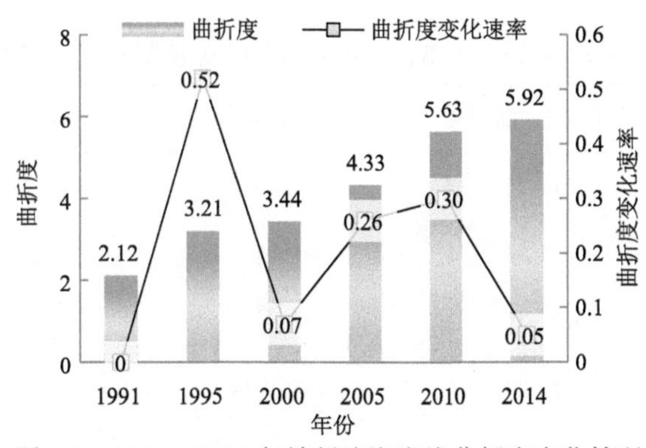

图 5.2　1991～2014 年锦州湾海岸线曲折度变化情况

3. 重点区域海岸线变迁分析

美国地质调查局（USGS）研发的数字海岸线分析系统（Digital Shoreline Analysis System，DSAS）能够对海岸线进行定量化分析，计算各年份序列的海岸线变化率，从而揭示大范围、长时间序列的海岸线变迁历史。本书采用基线法分析近 23 年锦州湾海岸线变化情况，首先选取 1991 年海岸线作为基线，其长度为 81 980.44 米，其次利用 DSAS 插件，以 400 米为采样间距、6000 米为采样距离，等间距生成 205 个垂直于基线的断面，最后将各年份海岸线相交，从而得到各年份海岸线相对于基线的位移量，如图 5.3 所示。

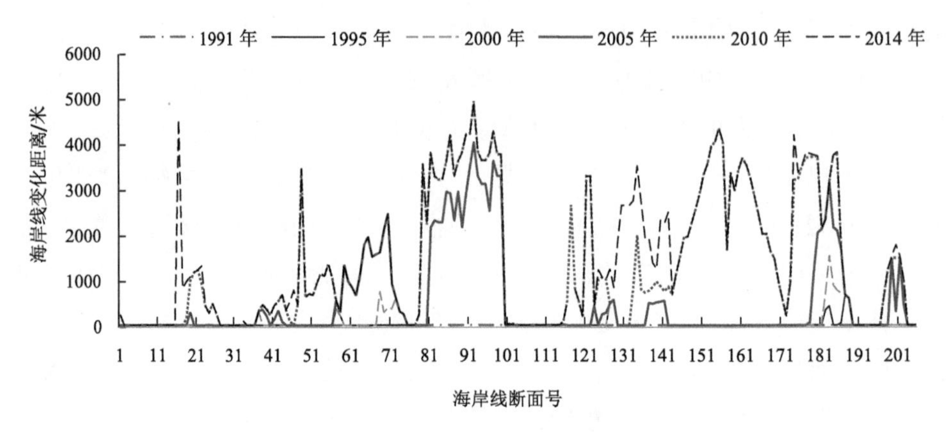

图 5.3 锦州湾海岸线位移量变化图

通过对锦州湾海岸线位移量数据的统计得到 7 个海岸线位移量相对剧烈的区域并将其编号，其具体位置见表 5.4。

表 5.4 海岸线位移量变化剧烈区域及围填海利用类型

编号	对应海岸线断面号	所在位置	围填海利用类型
A	16～25	双泉寺	港口用海
B	45～54	渔民村	港口用海、工业用海
C	60～71	新地号	围海养殖
D	78～99	北岗工业区	工业用海、围海养殖
E	115～135	牛营子	城镇建设、围海养殖
F	145～190	西海口	港口用海、围海养殖
G	197～203	梁屯村	港口用海

从海岸线变化距离及其空间分布整体观察分析锦州湾 23 年间海岸线位移量变化情况，发现北岗工业区（D 区）附近海域海岸线位移距离最大，说明该

附近海域进行了大规模的围填海活动，1991～1995 年北岗工业区附近海岸线变化较为显著，主要用于盐业用海和围海养殖；同时，从图 5.4 可以分析得到在牛营子（E 区）和西海口（F 区）附近海域围填海出现了大规模的连片现象，囊括了大约 70 个海岸线断面号，这两个区域围填海类型都包括围海养殖，牛营子区域更侧重于城镇建设，而西海口的港口用海面积大幅度增加，新增港口用海达 3.20 平方千米，占同时期填海造陆面积的 10.45%；1995～2000 年连山区塔山乡附近的部分盐业用海被改造为围海养殖，新地号附近区域填海造陆主要用于围海养殖；从 2000 年开始锦州湾港口用地面积逐渐增加，随着 2005 年李克强同志提出“要以锦州湾整体开发为龙头，打破行政区划，加快锦州港和葫芦岛港统筹发展步伐，一体化建设，一体化发展”的战略思路，锦州湾及其附近区域加快发展步伐，填海造陆速率高达 3.7 千米^2/年，双泉寺（A 区）、渔民村（B 区）和新地号（C 区）的港口用地发展迅速，更有新地号附近区域的围海养殖改造为港口用海，经济发展的巨大需求推动着工业建设进程的不断加快，北岗工业区附近区域的填海造陆被大幅度改造为城镇建设，主要用于工业建设和矿产加工等，同时还有 13.91 平方千米的填海造陆未开发利用；2010～2014 年围填海增长速率减缓，在西海口地区新增了大面积的围海养殖用地，梁屯村（G 区）的港口用海面积增加，而牛营子附近的围海养殖用海荒废后还未进行进一步开发，沿海经济大幅度上升的趋势也渐缓，逐渐转入稳定增长阶段。

二、围填海变化分析

1. 围填海演变过程分析

用六期遥感影像解译出锦州湾附近海域开发利用情况，将 1991～2014 年分成五个时间段，分别表示各时期锦州湾围填海利用类型和面积变化，并且计算出各时期开发利用面积变化速率，具体见表 5.5。为直观简洁地表达各个类型围填海变化情况，本书以单位海岸线长度（千米）上承载的围填海面积（公顷）表示围填海强度，强度指数越大，说明围填海开发越强烈（表 5.6）。

表 5.5 锦州湾海域不同时期开发利用方式及面积变化情况表（1991～2014 年）

时间段		1991～1995		1995～2000	2000～2005	2005～2010	2010～2014
年份		1991	1995	2000	2005	2010	2014
人类开发利用面积/千米^2	盐业用海	6.84	12.55	13.65	13.73	8.29	6.75
	围海养殖	1.67	4.58	7.24	7.48	5.00	12.49
	城镇建设	12.59	13.12	11.21	11.20	28.26	30.70
	港口用海	1.68	2.83	3.29	6.49	7.79	9.26
	未利用	2.03	2.03	2.03	5.47	13.91	16.28
	总面积	24.81	35.11	37.42	44.37	63.25	75.48
面积变化/千米^2		10.30		2.31	6.95	18.89	12.22
变化速率/（千米^2/年）		2.58		0.46	1.39	3.78	3.06

表 5.6 1991～2014 年锦州湾各类型围填海强度指数表 单位：公顷/千米

年份	1991～1995	1995～2000	2000～2005	2005～2010	2010～2014
盐业用海	1.72	1.56	1.59	1.65	0
围海养殖	0.97	0.85	0.81	0.74	0.79
城镇建设	1.01	1.70	2.32	1.95	3.24
港口用海	0.18	0.21	0.19	0.33	0.32

随着城市化进程的推进，城市边缘不断扩展，城市建设需要大量土地，1991～2014年锦州湾围填海总面积逐年增加，23年间新增围填海面积达到50.67平方千米，到2014年锦州湾围填海总面积达到75.48平方千米。1991～2014年锦州湾围填海面积增加速率不断波动，1991～1995年变化速率是2.58千米^2/年，增加速度相对较快，1995～2000年增加速度明显下降，2000～2005年锦州湾围填海面积增加速度虽有所上升，但仍相对较慢，2005年以后变化速率增加显著，到2014年达到约3千米^2/年。

城镇建设用海是锦州湾附近海域围填海的主要利用类型，1991年城镇建设面积是12.59平方千米，只在1995～2005年出现小幅度的下降，其他年份都呈上升趋势，2014年达到30.70平方千米，23年共增加了18.11平方千米，经过20多年的发展，其他围填海利用类型面积逐渐增多，1991～2014年锦州湾城镇建设占围填海总面积的比例从约50.7%下降到约40.7%，但其仍然是锦州湾围填海的主要利用类型。从围填海强度指数来看，城镇建设围填海强度指数1991～2005年逐年增加，2005～2010年出现短暂下滑，2010～2014年增加到3.24。城镇建设用海主要分布在龙岗区及西海口周边海域，同时在北港镇工业区附近区域大范围的城镇建设用海面积的增长也是导致城镇建设围填海强度增加的原因。

除了用于城镇建设，锦州湾早期围填海则以盐业用海为主，从表5.5可以看出，1991年盐业用海面积是6.84平方千米，占围填海总面积约27.6%，1991～2005年盐业用海面积仍在不断增长，2005年以后盐业用海面积开始出现下降趋势，逐渐被围海养殖和港口用海代替，2014年盐业用海成为围填海面积比例最小的利用类型，23年间共减少了0.09平方千米。观察表5.6可知，1991～2010年盐业用海开发强度指数虽有所下降，但整体处于相对较高的水平，2010年后盐业用海开发基本处于停滞状态，围填海强度指数为0。早期锦州湾盐业用海主要分布在牛营子附近海域，2005年盐业用海面积达到最高，在北港镇地区也出现大范围的盐业用海，到2014年，北港镇附近的盐业用海转变为城镇建设用海，只在牛营子附近海域还保留大面积的盐业用海。

锦州湾围海养殖用海面积变化趋势是波动上升的，其只在2005～2010年出现了下降，其他年份都是上升趋势，1991～2014年锦州湾围海养殖面积共增加了10.82平方千米，占围填海总面积比例从1991年的6.7%左右上升到2014年的16.5%左右，其围填海强度指数保持在0.7～1。2014年锦州湾围海养殖在北港镇工业区、牛营子和西海口等地区附近海域均有分布，而随着围海养殖的不断发展，其开发利用主要集中在西海口附近海域。

随着环渤海经济圈的发展，锦州湾也开始重点发展工业建设，交通用海需求不断加大，锦州湾的交通用海主要以港口用海为主，港口用海面积持续增加，从1991年的1.68平方千米，增加到2014年的9.26平方千米，其占围填海总面积比例也是不断增加的，到2014年增加到12.3%左右。1991～2014年锦州湾港口用海围填海强度指数变化相对平稳，基本保持在0.1～0.4。锦州湾港口用海面积主要以锦州港和葫芦岛港为中心不断向外扩展，锦州港和葫芦岛港作为我国北方重要的港口，对辽宁省的外贸经济增长起到了巨大的作用。

由于锦州湾围填海进程不断发展，围而未用或填而未用的围填海面积不断加大，1991 年未利用的围填海面积只有 2.03 平方千米，到 2014 年增加到 16.28 平方千米，占围填海总面积比重从 8.2%左右增加到 21.6%左右，其主要分布在新地号和北港镇工业区中间区域以及牛营子附近海域，锦州湾未利用的围填海面积的大幅增加，使大量的围而未用、填而未用的海域及低效盐田、低效养殖池塘出现。在此也提醒相关部门，要注重围填海利用率及其利用类型的合理配置。

2. 围填海质心变化分析

利用 ArcGIS 软件生成围填海斑块的质心，再计算各围填海类型的空间质心，并设置为 UTM 投影坐标系，从而生成各围填海利用类型质心变化图（图5.4）。港口用海质心在1991～2005年从121.02°E、40.76°N 向北偏东40°方向迁移了近3.1千米，2005～2014年又向121.03°E、40.76°N 迁移，整体从121.02°E、40.76°N 到121.03°E、40.76°N 迁移了575.8米，这是由于1995～2005年锦州经济区和西海工业区港口的快速开发使质心向东北方向迁移，随着2005～2010年葫芦岛港的大力开发，质心又向西南方向迁移。盐业用海1991～2014年在120.97°E～120.98°E、40.82°N～40.85°N 变化，1991～2010年盐业用海质心从120.98°E、40.85°N 向南偏西32°方向迁移了约3.77千米，2010～2014年质心又向120.98°E、40.85°N 迁移了约3.8千米，这主要是由于打渔山园区早期的造地工程大多用于盐业用海，随着北港工业区盐业用海的开发，质心向西南方向迁移，但近几年北港工业区围填海的工业化改造使得质心又重新向打渔山园区迁移。围海养殖质心在1991～2014年的迁移幅度较大，在120.96°E～121.00°E、40.78°N～40.82°N 变化，在1995～2000年质心向120.97°E、40.78°N 迁移了约1.28千米，2000～2014年质心又向北偏东61°方向迁移了约3.59千米，整体是从120.96°E、40.82°N 到121.00°E、40.80°N 迁移了3.61千米。锦州湾早期围海养殖主要集中在锦州经济开发区附近，随着北港工业区部分用于围海养殖的开发，以及2010～2014年（西海口附近区域）围海养殖的大规模工程，使得质心整体向东南方向迁移。城镇建设质心在1991～2014年波动范围较小，1991～1995年从120.97°E、40.78°N 向北偏东67°方向迁移了约246米，1995～2010年向西南方向迁移了约502米，在2010～2014年质心又向120.98°E、40.78°N 迁移了约587米。2005～2010年北港工业区的工业化改造和2010～2014年锦州经济开发区的建设都对城镇建设质心影响较大，由于锦州经济区的开发强度大于西部地区，因此质心整体向东偏移。

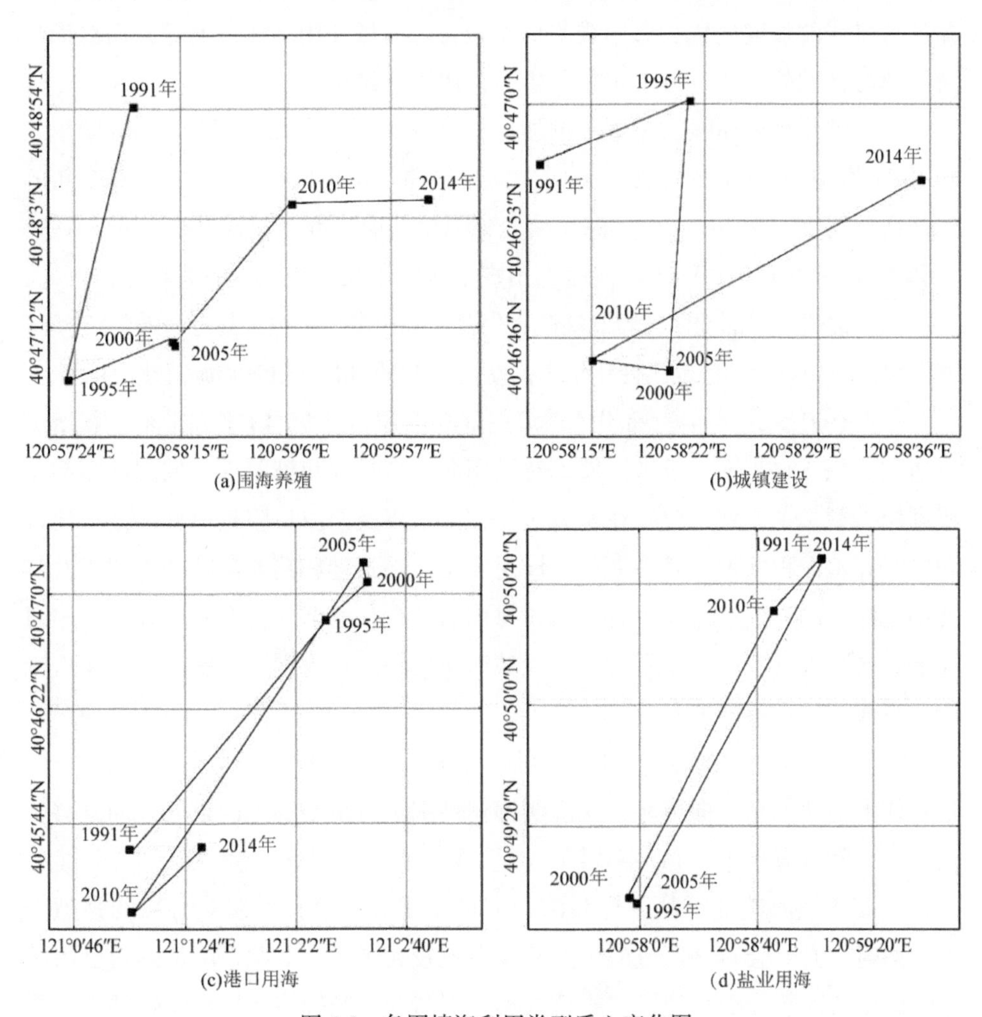

图 5.4　各围填海利用类型质心变化图

第四节　本 章 小 结

本章以 1991 年、1995 年、2000 年的 Landsat TM 影像数据，2005 年的 SPOT

卫星影像和2010年的环境卫星HJ-1 CCD、2014年的SPOT卫星影像数据为主要数据源，利用RS技术和GIS技术，对锦州湾海域进行了海岸线和围填海分布、面积和利用情况等信息的提取，系统分析了锦州湾围填海开发的演进过程，并从海岸线的长度变化、海岸线曲折度变化及海域使用结构情况等方面对锦州湾围填海开发的特点进行了定量分析，得出以下结论。

（1）锦州湾海岸线长度逐年增加，1991～2014年共增加了约19.86千米，到2014年达到103.26千米，同时，海岸线曲折度也持续增加，从1991年的2.12增加到2014年的5.92，其海岸线变化强度和曲折度变化速率在1991～1995年和2005～2010年这两个时间段都出现了较快增长，变化趋势大致相同。

（2）锦州湾中部地区，即北港镇、牛营子和西海口等地区附近海域，23年来海岸线长度相对于其他地区变化较大，新增了大量的港口用海和城镇建设用海。

（3）1991～2014年，锦州湾填海造陆总面积达到75.48平方千米，新增填海造陆面积50.67平方千米。城镇建设用海一直是锦州湾附近海域围填海的主要利用类型，主要集中分布在龙岗区、北港镇以及西海口附近海域；港口建设和围海养殖面积增加，其中港口建设主要是对锦州港和葫芦岛港的扩建以及其他小型港口的建设；盐业用海面积先增加后减少，逐渐被围海养殖和港口用海代替，同时也有部分盐业用海转化为城镇建设用地；未利用的围填海面积占围填海总面积比重不断上升。

（4）锦州湾围填海各类型的空间质心在23年间都有不同程度的变化，但是总体上往北偏东方向偏移，这说明锦州湾围填海重心逐渐向东北方向迁移，以西海口附近海域为中心，新增了大量的港口用海和围海养殖。

大面积填海造陆反映了锦州湾沿海城市建设和经济发展对海域的强烈需求，同时也必然会对该区域的生态环境造成较大影响。对此，应加强对已填海岸线的生态改造及保护建设，规范人类开发活动，减轻该区域海岸带的生态系统压力，并同时开展该区域海湾生态环境评价，以此为该区域的可持续发展提供理论指导和科学依据。

参考文献

常军，刘高焕，刘庆生. 2004. 黄河口海岸线演变时空特征及其与黄河来水来沙关系. 地理研究, 23(3): 339-346.
陈玮彤, 张东, 韩飞, 等. 2015. 江苏南通沿岸围填海强度与潜力定量评价研究. 海洋通报, 34(4): 443-449.
冯永玖, 韩震. 2012. 海岸线遥感信息提取的元胞自动机方法及其应用. 中国图象图形学报, 17(3): 441-446.
傅明珠, 孙萍, 孙霞, 等. 2014. 锦州湾浮游植物群落结构特征及其对环境变化的响应. 生态学报, 34(13): 3650-3660.
高义, 苏奋振, 孙晓宇, 等. 2011. 近 20a 广东省海岛海岸带土地利用变化及驱动力分析. 海洋学报, 33(4): 95-103.
宫立新, 金秉福, 李健英. 2008. 近 20 年来烟台典型地区海湾海岸线的变化. 海洋科学, 32(11): 64-68.
黄鹄, 胡自宁, 陈新庚, 等. 2006. 基于遥感和 GIS 相结合的广西海岸线时空变化特征分析. 热带海洋学报, 25(1): 66-70.
雷宁, 胡小颖, 周兴华. 2013. 胶州湾围填海的演进过程及其生态环境影响分析.海洋环境科学, 32(4): 506-509.
李行, 张连蓬, 姬长晨, 等. 2014. 基于遥感和 GIS 的江苏省海岸线时空变化. 地理研究, 33(3): 414-426.
李猷, 王仰麟, 彭建, 等. 2009. 深圳市 1978 年至 2005 年海岸线的动态演变分析. 资源科学, 31(5): 875-883.
李志刚, 李小玉, 高宾, 等. 2011. 基于遥感分析的锦州湾海域填海造地变化. 应用生态学报, 22(4): 943-949.
孙永光, 李秀珍, 何彦龙, 等. 2011. 基于 PCA 方法的长江口滩涂围垦区土地利用动态综合评价及驱动力. 长江流域资源与环境, 20(6): 697-704.
索安宁, 曹可, 马红伟, 等. 2015. 海岸线分类体系探讨. 地理科学, 35(7): 933-937.
肖康, 许惠平, 叶娜. 2013. 基于遥感影像的福建围填海初步研究. 海洋通报, 32(6): 685-694.
薛春汀. 2009. 7000 年来渤海西岸、南岸海岸线变迁. 地理科学, 29(2): 217-222.
张君珏, 苏奋振, 周成虎, 等. 2016. 不同海岸地貌背景下的南海周边岸带 35 年建设用地扩张分析. 地理学报, 71(1): 104-117.
朱高儒, 许学工. 2012. 渤海湾西北岸 1974～2010 年逐年填海造陆进程分析. 地理科学, 32(8): 1006-1012.
Barbier E B, Hacker S D, Kennedy C, et al. 2011. The value of estuarine and coastal ecosystem services. Ecological Monographs, 81(2): 169-193.
Gramling C. 2012. Rebuilding wetlands by managing the muddy Mississippi. Science,

335(6068): 520-521.

Kumar A, Narayana A C, Jayappa K S. 2010. Shoreline changes and morphology of spits along Southern Karnataka, west coast of India: A remote sensing and statistics-based approach. Geomorphology, 120(3): 133-152.

Shi J F, Wei H S, Li Y G, et al. 2010. Field studies of the effectiveness of dynamic compaction in coastal reclamation areas. Bulletin of Engineering Geology and the Environment, 69(1): 129-136.

Yagoub M M, Kolan G R. 2006. Monitoring coastal zone land use and land cover changes of Abu Dhabi using remote sensing. Journal of the Indian Society of Remote Sensing, 34(1): 57-68.

第六章

基于陆海统筹的海域开发格局动态模拟

在人地关系紧张以及人口、资源、环境的协调发展问题日益严峻的情况下，海域的科学利用得到了广泛的关注。围填海是人类向海洋索取生存和经济开发空间的重要方式，世界上许多资源匮乏的沿海国家都有围填海的历史，如日本、韩国、美国和中国（金彭年和陈小龙，2012）。自中华人民共和国成立以来，我国先后出现过四次大规模的围填海高潮。近年来，随着工业、城建、港口运输业等产业的迅速发展，沿海地区海域资源稀缺状况更加严峻，许多地区和行业都不可避免地向海域进行扩张来寻求发展空间。然而，围填海同时也是一把双刃剑，在拓展沿海生存空间的同时，也给沿海地区的生态环境、海洋生态系统带来了严重的负面影响。因此，准确地把握海域利用变化状况，并以一定的模型方法对海域利用的变化状态进行模拟分析，不但可以为决策部门提供及时有效的海域利用空间信息，而且对区域海岸、滩涂的有效开发及利用具有重要意义。

第一节　CLUE-S 模型结构及参数设定

CLUE-S 模型是一种在小比例尺上模拟土地利用变化及其环境效应的模型，该模型是在对研究区土地利用变化经验理解的基础上，通过与土地利用变化相关的社会、经济、技术以及自然环境等驱动因子之间关系的定量分析，探索模拟土地利用变化，完成探索空间演变规律，实现对未来土地利用变化进行预测的模型（黄明等，2012；曹瑞娜，2014；韩欣池，2014；张丁轩等，2013）。CLUE-S 模型是在两个假设条件的基础上形成的系统论的方法，目的是尽可能量化不同土地利用类型间的竞争关系，来实现不同土地利用类型的同步模拟。其两个假设条件：第一，一个地区土地利用空间布局的变化是该地区土地利用需求驱动的结果；第二，一个地区土地利用空间布局总是和土地利用需求以及自然环境与社会经济状况处于一种动态的平衡。CLUE-S 模型的理论基础为土地利用空间变化的关联性、土地利用空间变化的等级特征、土地利用空间变化的竞争性和土地利用空间变化的相对稳定性等（吴桂平，2008；摆万奇等，2005；Verburg et al.，2002；Verburg et al.，2008）。

本节将CLUE-S模型用于海域开发格局的动态模拟，探索基于CLUE-S模型建立海域开发格局模拟模型的可行性，通过收集研究区历史时期海域空间开发格局数据、现状数据，探索模拟研究区海域空间发展格局演变趋势。

利用CLUE-S模型对研究区海域利用类型进行动态模拟需要具有空间数据和非空间数据。空间数据指通过图像获得的数据，要求具有相同的地理坐标和空间参考系；非空间数据主要来源于研究区相关的统计年鉴和公报，要求其统计数据范围与研究区行政区划范围一致。CLUE-S模型所需参数文件如表6.1所示。

表6.1　CLUE-S模型参数设置

文件名	文件说明
main.1	主要参数设置
alloc.reg	回归方程参数设置
allow.txt	海域利用类型转移矩阵
sclgr*.fil	驱动因子文件（*代表不同的驱动因子）
region_park*.fil	区域限制文件（*代表不同的限制文件）
demand.in*	区域需求文件（*代表不同的需求文件）
cov_all.0	模拟起始年份研究区海域开发类型图文件

main.1是模型主要参数设置文件，为记事本格式文件。文件中行、列和*X*、*Y*坐标通过驱动因子及研究区海域开发类型图转为ASCII文件得到，转移弹性系数（ELAS）和转换矩阵通过分析得到，主要参数如表6.2所示。

表6.2　main.1主要参数设置表

序号	参数名称	数据格式
1	海域开发类型数	整型
2	区域数目	整型
3	回归方程中驱动力变量最大数	整型

续表

序号	参数名称	数据格式
4	总驱动因子数	整型
5	行数	整型
6	列数	整型
7	栅格大小（单位：公顷）	整型
8	*X* 坐标	浮点型
9	*Y* 坐标	浮点型
10	海域开发类型编码	整型
11	转移弹性系数	浮点型
12	迭代变量	浮点型
13	模拟起始年份	整型
14	驱动因子数及编码	整型
15	输出文件选择	0、1、−2 或 2
16	特定区域回归选择	0、1 或 2
17	海域开发历史初值	0、1 或 2
18	邻域计算选项	0、1 或 2
19	区域特定优先值	整型

alloc.reg 文件为回归方程参数设置，主要内容如下。

第一行：研究区海域开发类型的数字编码。

第二行：研究区海域开发类型的回归方程常量。

第三行：研究区海域开发类型解释因子的 β 系数。

余下：剩余研究区海域开发类型按同样方式记录数据。

海域开发类型的转移次序通过设定一个各种海域开发类型之间的转移矩阵来定义各种海域开发类型能否发生转变。1 表示可以转变，0 表示不能转变。

驱动因子文件 sclgr*.fil 是驱动力空间分布位置图文件，格式是 ASCII Raster，有两类驱动因子文件，*代表不同的驱动因子。第一类是不变因子，如海洋底质、海域等深线；第二类是可变因子，如渔业类型分布、工矿用海类型分布等。

区域限制文件 region_park*.fil 为限制区域文件，格式是 ASCII，内容为 0 和–9998 两种值，0 值区域代表可以发生地类转变的区域，–9998 值区域代表不能发生地类转变的限制区域，*代表不同的限制文件。空间政策与限制区域对海域开发格局的变化产生一定的影响，在 CLUE-S 模型中，这些政策一般都限制海域开发格局发生变化。这些政策大体分为两类：一是区域性限制因素，如自然保护区、规划基本农田保护区等；二是政策性限制因素，如禁止采伐森林等。

海域开发类型需求 demand.in*为区域需求文件，*代表不同的需求文件。研究区海域开发需求指在特定情况下，整个研究区用海的总需求量，通过外部模型被计算或估算，用以限定模拟过程中海域利用类型变化数量。这部分工作独立于 CLUE-S 模型之外，运用趋势外推、情景预测等方法。具体方法视研究区内主要的海域利用变化类型和所需考虑的变化情景而定。

cov_all.0 文件是模拟起始年份研究区海域开发类型图文件，格式是 ASCII，内容是各个利用类型的编码。

第二节　海域利用变化驱动因子分析

一、驱动因子的选取

驱动因子的选取应考虑以下原则。

1. 驱动因子与研究内容的关联性

驱动因子的选取与分析目的是探讨各个因子对海域利用类型的影响，并研究在不同因子的驱动下各种用海类型出现的概率。因此，在驱动因子的选取过程中应选择与海域开发类型相关性大的因子，排除不相关或相关性小的因子。

2. 可定量化

能够产生研究区海域利用类型发生变化的因子有很多，在使用模型对这些因子进行分析时需要将因子量化加载到模型中，在因子选择中，要选取能够定量分析的因子（Veldkamp and Fresco，1996；谭永忠等，2006）。

3. 自然因子和社会因子

在短期内人类的各种开发利用活动及经济社会条件会对海域的利用格局产生重要影响；另外海域所处的自然环境因素也对海域利用类型的变化起重要作用，所以在对驱动因子进行选取时，要兼顾社会因子和自然因子。

根据驱动因子的选取原则，考虑影响锦州市海域利用类型变化的自然和社会环境因素，本节选取距城镇距离、距河流距离、距交通运输线距离、距海岸线距离、距村居民点距离、锦州海洋底质和锦州海域等深线七个自然和社会因子作为驱动力，如表 6.3 所示。

表 6.3　所选驱动因子及描述

驱动因子	描述
距城镇距离	各栅格到区域内主要城镇的距离
距河流距离	各栅格到区域河流的距离
距交通运输线距离	各栅格到交通运输线的距离
距海岸线距离	各栅格到海岸线的距离
距村居民点距离	各栅格到村居民点的距离
锦州海洋底质	锦州海洋底质的分布情况
锦州海域等深线	锦州海域等深线分布情况

二、驱动因子的处理

基于模型需要，同时考虑研究区的地理环境，选取距城镇距离、距河流距离、距交通运输线距离、距海岸线距离、距村居民点距离、锦州海洋底质和锦州海域等深线七个自然和社会因子作为驱动力。前五个距离驱动因子，利用 ArcToolBox 距离分析，得到 100 米 × 100 米的 grid 文件，利用 2010 年锦州海域区域范围进行掩膜计算，得到研究区域 grid 数据，再利用转换工具 Grid to

ASCII 命令把 grid 文件转换成模式识别的 ASCII 文件，保存为 sclgr*.fil 文件。将锦州海洋底质及锦州海域等深线驱动因子生成相应类型的.shp 文件，并转换为 grid 文件和 ASCII 文件，如图 6.1 所示。

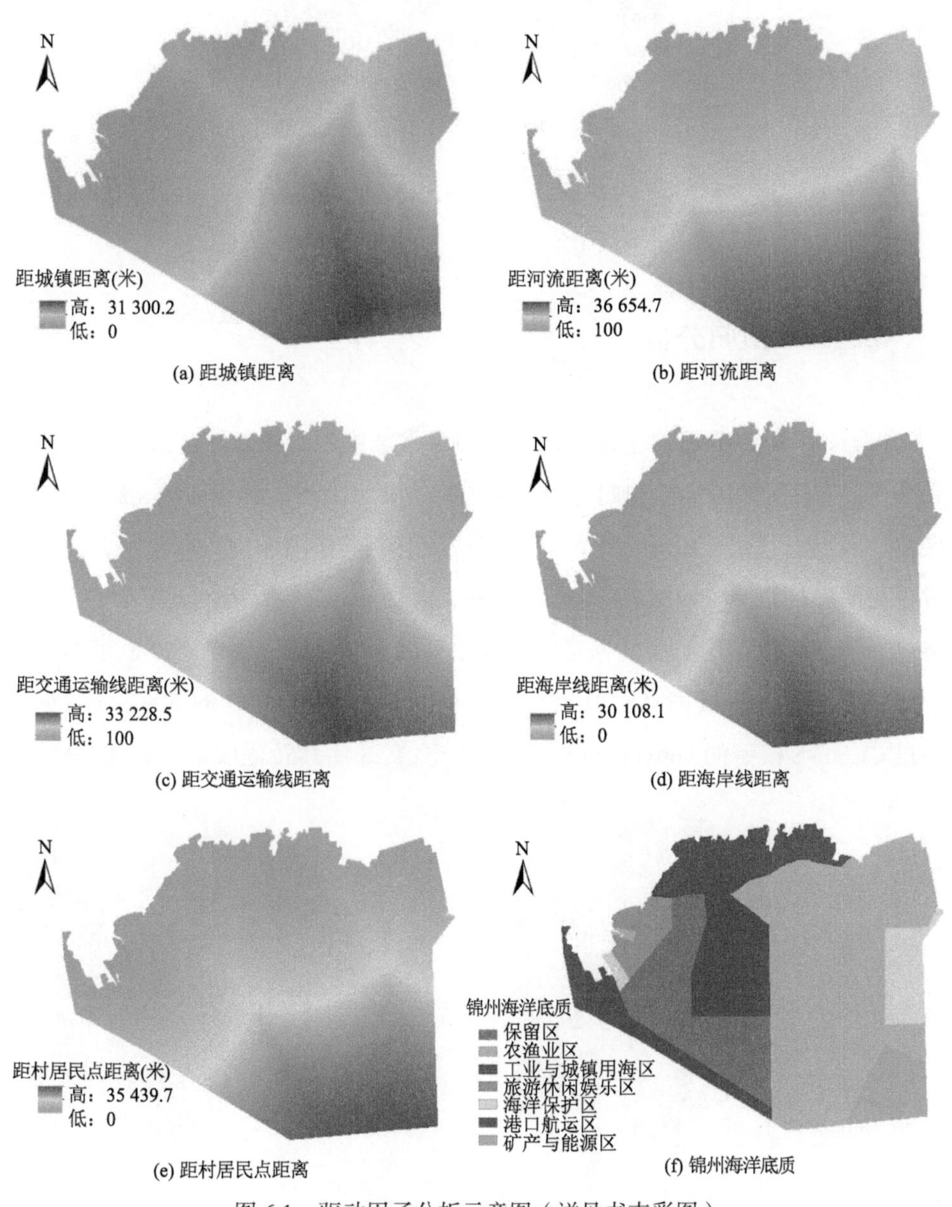

图 6.1 驱动因子分析示意图（详见书末彩图）

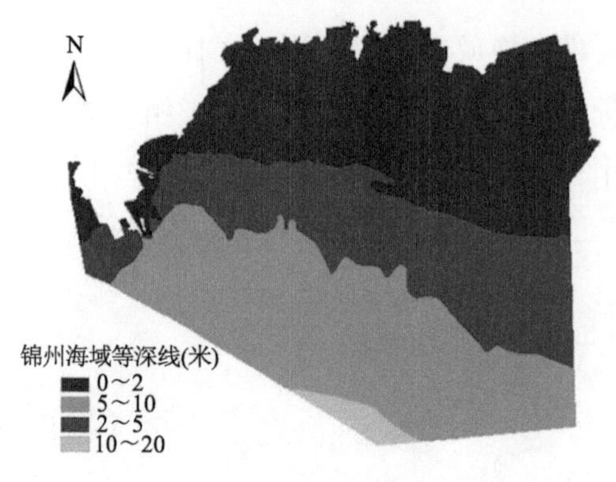

(g) 锦州海域等深线

图 6.1　驱动因子分析示意图（详见书末彩图）（续）

三、Logistic 回归分析

Logistic 回归分析在土地需求预测中常常被用到，指对不连续因变量的回归分析。在使用 Logistic 回归分析前，先将渔业、工矿、交通运输、旅游娱乐、城建、围填未利用、海域七个海域类型从现有的栅格图像中提取出来，分别形成单一的栅格图像，如图 6.2 所示。然后，通过 ArcGIS 的 Raster to ASCII 工具将以上几种海域利用类型的栅格图像和驱动因子转化为能够被 SPSS 模型识别的 ASCII 文件。生成的 ASCII 文件中含有很多参数为–9999 的 NoData 数据，通过 CLUE-S 模型的 convert.exe 工具除去空值，并使其转化成单一的文件格式。

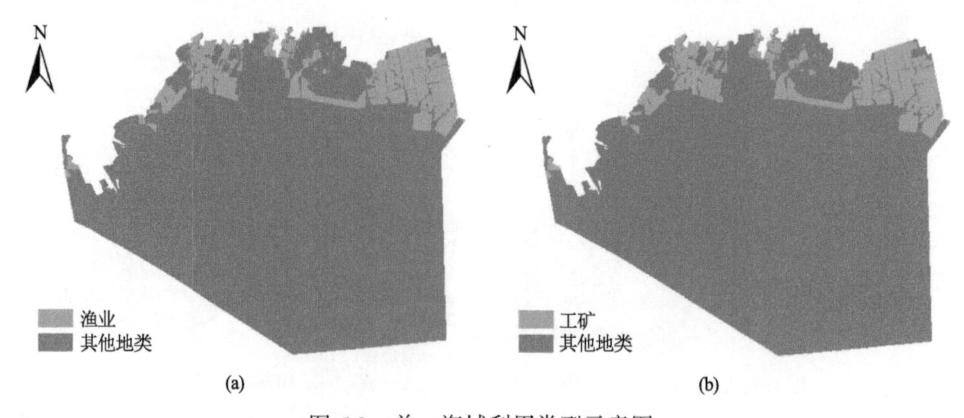

图 6.2　单一海域利用类型示意图

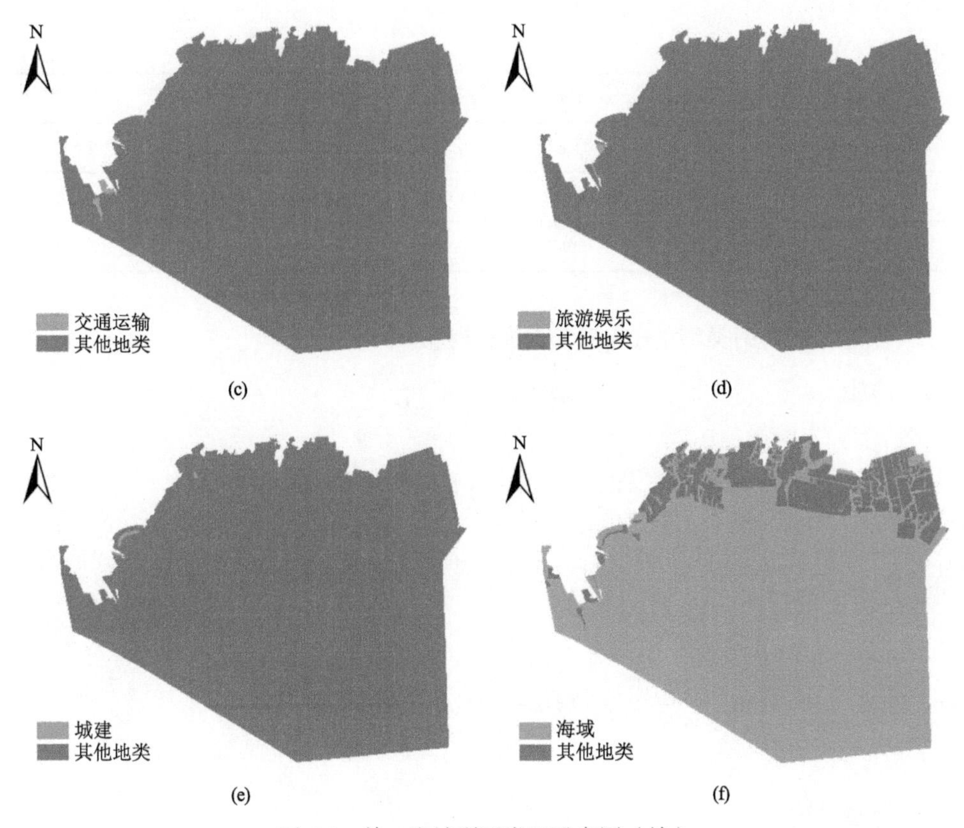

图 6.2　单一海域利用类型示意图（续）

将各海域开发类型和驱动因子转换成单一文件加载到 SPSS 软件中，利用 SPSS 软件进行 Logistic 回归分析，得到各种利用类型与驱动因子之间的系数并列出回归方程，如表 6.4 所示。

表 6.4　Logistic 回归分析系数表

驱动因子	渔业	工矿	交通运输	旅游娱乐	城建	海域
距城镇距离	—	—	0.001	−0.001	−0.001	—
距河流距离	—	—	−0.001	0.002	0.008	—
距交通运输线距离	—	—	—	−0.001	−0.006	—
距海岸线距离	—	−0.001	−0.002	−0.006	—	0.001
距村居民点距离	—	—	0.001	—	−0.003	—
锦州海洋底质	0.040	−0.587	0.171	0.830	3.002	0.155

续表

驱动因子	渔业	工矿	交通运输	旅游娱乐	城建	海域
锦州海域等深线	−15.743	−11.642	0.536	−5.476	—	1.513
常量	14.947	16.814	−13.622	−15.878	−59.584	−4.584
ROC 值	0.927	0.962	0.990	0.997	0.995	0.956

各类海域利用类型的 Logistic 回归方程如下。

渔业

$$\log\left(\frac{p_1}{1-p_1}\right)=14.947+0.040x_6-15.743x_7$$

工矿

$$\log\left(\frac{p_2}{1-p_2}\right)=16.814-0.001x_4-0.587x_6-11.642x_7$$

交通运输

$$\log\left(\frac{p_3}{1-p_3}\right)=-13.622+0.001x_1-0.001x_2-0.002x_4+0.001x_5+0.171x_6+0.536x_7$$

旅游娱乐

$$\log\left(\frac{p_4}{1-p_4}\right)=-15.878-0.001x_1+0.002x_2-0.001x_3-0.006x_4+0.830x_6-5.476x_7$$

城建

$$\log\left(\frac{p_5}{1-p_5}\right)=-59.584-0.001x_1+0.008x_2-0.006x_3-0.003x_5+3.002x_6$$

海域

$$\log\left(\frac{p_6}{1-p_6}\right)=-4.584+0.001x_4+0.155x_6+1.513x_7$$

式中，p_i 为 i 海域利用类型在区域内每个像元中出现的概率；$x_1, x_2, \cdots, x_7$ 为驱动因子。

四、精度检验

接受者操作特征曲线（receiver operating characteristic curve，ROC 曲线）是验证土地利用、土地覆盖变化模型的一种方法。一般来说，最理想的结果 ROC 值为 1，完整的随意模型 ROC 值为 0.5，ROC 曲线越靠近左上角，模型模拟越准确，所确定的驱动因素对海域利用分布具有较好的解释能力。

本节将六种海域利用类型和六种驱动因子输入 SPSS 软件中进行 Logistic 回归分析，并统计 ROC 值：渔业为 0.927，工矿为 0.962，交通运输为 0.990，旅游娱乐为 0.997，城建为 0.995，海域为 0.956。结果说明 Logistic 回归模型对所选取的驱动因子和海域利用类型之间关系的模拟精度较好。各种海域利用类型的 ROC 曲线如图 6.3 所示。

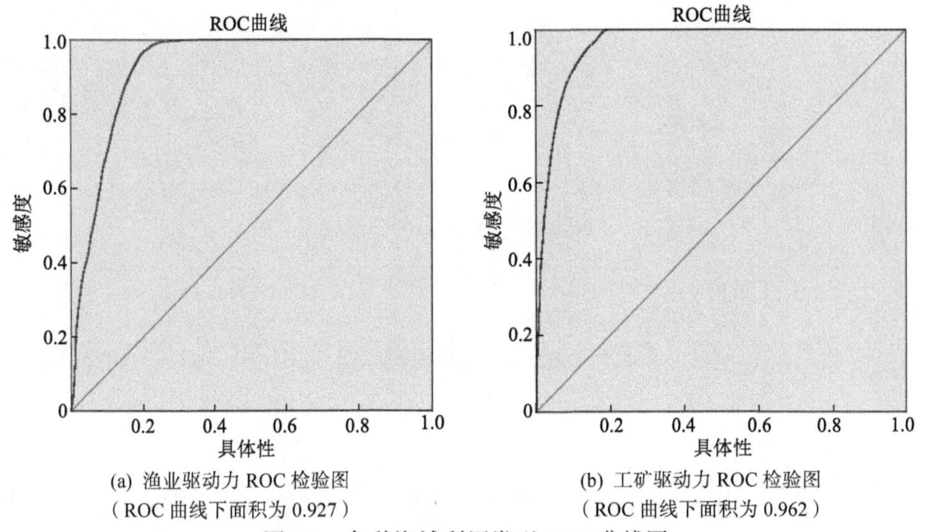

(a) 渔业驱动力 ROC 检验图（ROC 曲线下面积为 0.927）

(b) 工矿驱动力 ROC 检验图（ROC 曲线下面积为 0.962）

图 6.3　各种海域利用类型 ROC 曲线图

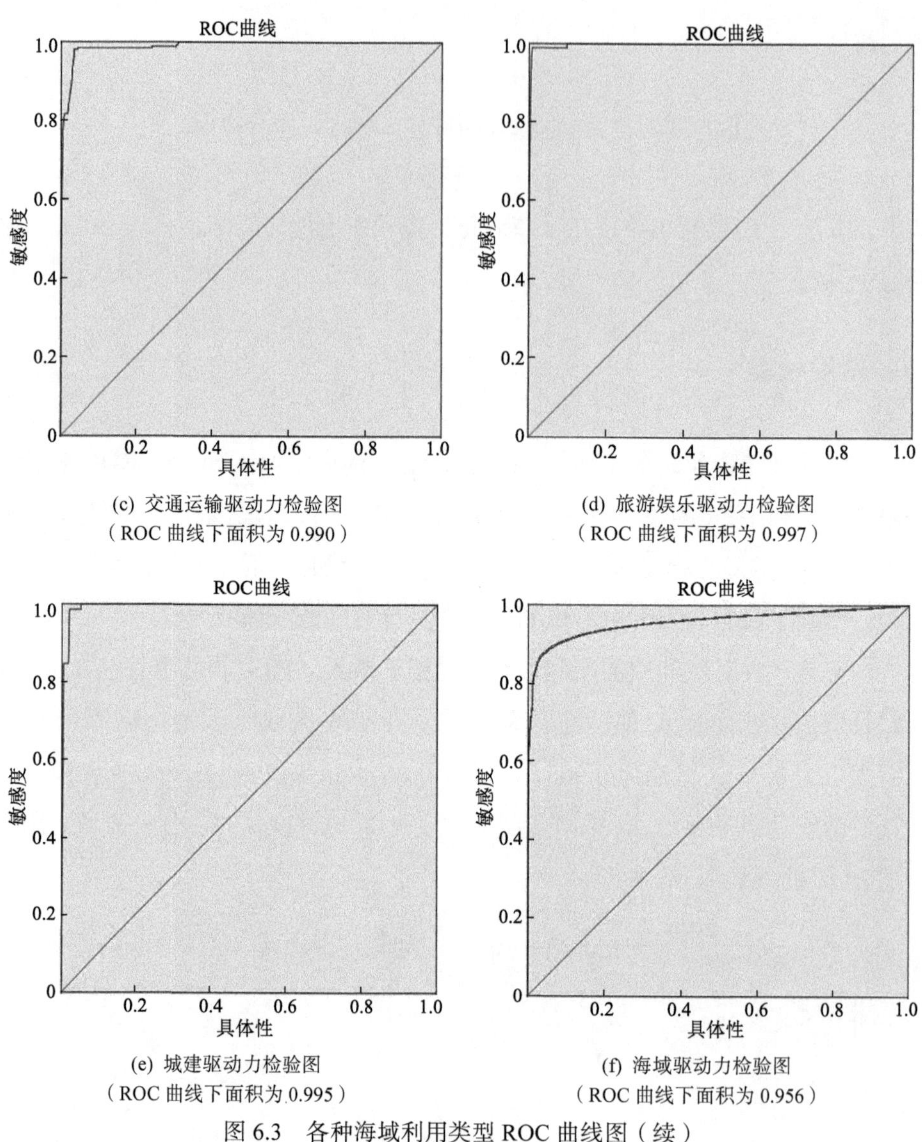

(c) 交通运输驱动力检验图（ROC 曲线下面积为 0.990）

(d) 旅游娱乐驱动力检验图（ROC 曲线下面积为 0.997）

(e) 城建驱动力检验图（ROC 曲线下面积为 0.995）

(f) 海域驱动力检验图（ROC 曲线下面积为 0.956）

图 6.3　各种海域利用类型 ROC 曲线图（续）

第三节　基于 CLUE-S 模型的海域空间格局动态模拟

本节采用 2010 年辽宁省锦州市附近海域利用数据，利用影响锦州市海域利用变化的各种驱动因素，以及模型模拟所需要的各种参数，运用 CLUE-S 模型对研究区 2020 年在自然增长情境下围填海空间分布进行动态模拟,模拟尺度为 100 米 × 100 米。

一、模拟流程步骤

基于 CLUE-S 模型进行海域利用动态扩展的技术流程如图 6.4 所示。

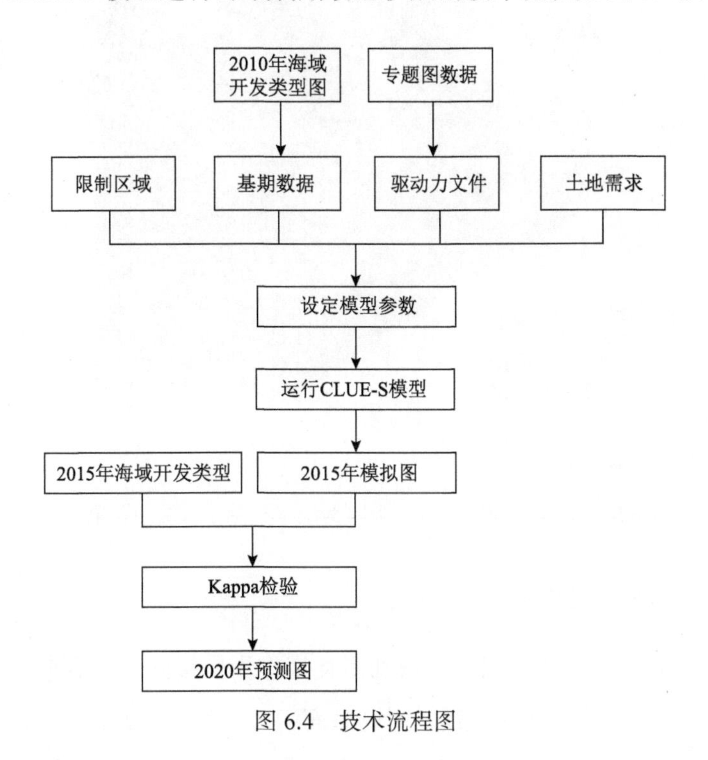

图 6.4　技术流程图

二、模型参数的设定

1. 基期数据获取

准备一期（一年）海域利用类型数据，将其作为模拟初始时的研究区海域利用状况数据。本书以 2010 年研究区海域利用数据作为研究区海域利用类型基期数据。考虑到海域利用类型不宜过多，将原来一级类进行部分合并。根据研究区海域利用的相似性为原则将海域类型分为渔业、工矿、交通运输、旅游娱乐、城建、围填未利用、海域七个海域类型。依次赋编码为 0、1、2、3、4、5、6，然后将合并完成的矢量数据转换为 100 米×100 米的 grid 文件，再通过 ArcToolBox 中的转换工具，将 grid 文件转变为模式识别的 ASCII 文件，命名为 cov_all.0，完成对海域利用类型图文件设置，如图 6.5 所示。

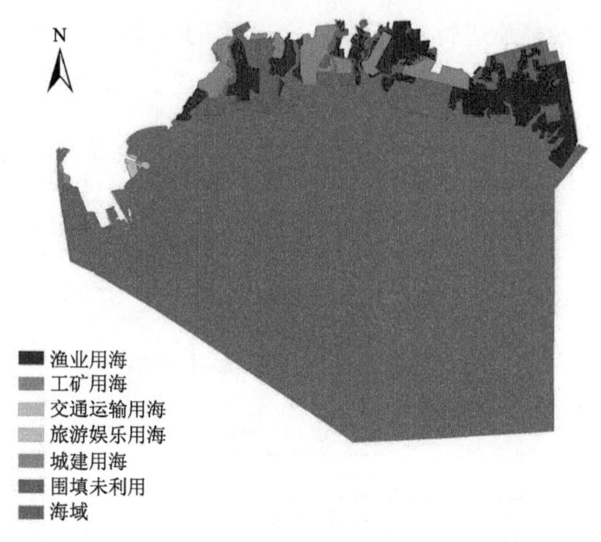

图 6.5 2010 年围填海海域利用类型示意图（详见书末彩图）

2. 围填海海域利用需求文件设定

本节以 2015 年锦州市附近海域利用类型作为模拟的需求数据。由于锦州湾海域近几年海洋经济的快速发展，围填海面积日益增加。2015 年的海域利用研究区范围大于 2010 年海域利用研究区范围，因此以 2010 年的研究区范围对 2015 年海域利用类型数据进行裁剪，得到与 2010 年研究区一致的 2015 年研究区海域利用类型图，从而提取 2015 年锦州市海域利用类型的面积数据，并假设 2010～2015 年海域利用类型呈匀速变化，再运用趋势外推法内插出 2011 年、2012 年、2013 年、2014 年研究区的海域利用需求数据，具体如表 6.5 所示，从而保存为.txt 文档，命名为 demand.in*，完成海域利用需求文件的设定。

表 6.5　海域利用需求表　　单位：公顷

年份	渔业	工矿	交通运输	旅游娱乐	城建	围填未利用	海域
2010	11 150.5	3 451.9	171.7	58.0	79.1	3 770.2	99 707.8
2011	11 931.5	3 483.4	261.1	71.2	79.1	5 016.9	97 516.0
2012	12 712.5	3 424.9	350.5	84.4	79.1	6 263.6	95 324.2
2013	13 492.5	3 366.5	439.9	97.6	231.0	7 510.3	93 132.4
2014	14 274.6	3 307.9	529.3	110.8	382.9	8 757.0	90 940.6
2015	15 055.6	3 249.5	618.9	124.0	534.8	10 003.9	88 748.6

3. 空间政策限制区域

空间政策限制区域对海域利用格局的变化有一定的影响作用，因为CLUE-S模型中受到这些政策的影响一般会限制海域利用格局变化。在CLUE-S模型中制作一个与2010年研究区大小一致，属性值为0，栅格数据大小为100米×100米的grid文件，要求所有空间文件大小必须一致，因此所有的grid文件均采用100米×100米大小的栅格，并将其转化为ASCII文件，命名为region_nopark*.fil（图6.6），完成非限制区域文件的设定。将自然保护区域与非限制区域进行叠加，转化为100米×100米的grid文件，并将属性进行重分类，自然保护区属性值为–9998，研究区非限制区域为0，并将其转化为ASCII文件，命名为region_park*.fil（图6.7）。

图6.6　非限制区域文件

图 6.7　自然保护区限制文件

4. 研究区海域利用类型转移弹性系数和转移矩阵设定

海域利用类型转移弹性系数主要影响因素是海域利用类型变化可逆性。即利用程度高的海域利用类型很难向利用程度低的海域利用类型转变，如居民区用地很难向渔业用地转变。相反，海域利用程度低的类型很容易向海域利用程度高的类型转变，如未利用海域容易向其他海域类型转变。一般用 0～1 表示转移的可能性，即值越接近 1，其转移的可能性就越小，如城建用地的转移弹性是 0.9，说明城建用地被其他海域利用类型取代的难度是 0.9，即城建用地发生转移的可能性是 0.1。研究区海域利用类型转移弹性系数如表 6.6 所示。

表 6.6　研究区海域利用类型转移弹性系数

海域利用类型	渔业	工矿	交通运输	旅游娱乐	城建	围填未利用	海域
转移弹性系数	0.8	0.9	0.9	0.9	0.9	0.1	0.1

研究区渔业、工矿、交通运输、旅游娱乐、城建、海域六种类型之间的转换规则，具体矩阵如表 6.7 所示。

表 6.7　海域利用类型转移矩阵

海域利用类型	渔业	工矿	交通运输	旅游娱乐	城建	海域
渔业	1	1	1	1	1	1
工矿	0	1	1	1	1	0

续表

海域利用类型	渔业	工矿	交通运输	旅游娱乐	城建	海域
交通运输	1	1	1	1	1	1
旅游娱乐	1	1	1	1	1	1
城建	0	0	0	0	1	0
海域	1	1	1	1	1	1

5. 驱动因子文件设定

CLUE-S模型中所涉及的驱动因子直接影响研究区的海域利用类型空间分布格局。各驱动因子的 sclgr*.fil 文件分别为：sclgr0.fil 是距城镇距离，sclgr1.fil 是距河流距离，sclgr2.fil 是距交通运输线距离，sclgr3.fil 是距海岸线距离，sclgr4.fil 是距村居民点距离，sclgr5.fil 是锦州海洋底质，sclgr6.fil 是锦州海域等深线。

6. 回归方程参数文件设定

回归方程参数文件（alloc.reg）设定是通过计算单一海域利用类型和驱动力因素之间的 Logistic 回归方程的系数 β 来完成的。先通过 ArcGIS 的 Spatial Analyst 工具对单一海域利用类型进行重新分类，对旧值进行重新赋值（其海域类型为 1，其余为 0），并转为 ASCII 文件，依次重命名为 cov0.0、cov1.0……cov6.0，然后通过 CLUE-S 模型自带的 covert.exe 工具把单一海域利用类型图和驱动力文件一并转为 SPSS 可以读取的 stat.txt 文件。再在 SPSS 软件中，使用分析菜单中的二元回归命令，在弹出的 Logistic Regression 界面，分别把每一种海域类型放入 Covariates 框内，选择 Forward Conditional 方法，在 Options 中设定 Entry 和 Removal 为 0.01 和 0.02，在 Save 中选取 Probabilities，运行回归方程，计算回归系数 β，在置信度为 95%的条件下，分别计算渔业、工矿、交通运输、旅游娱乐、城建、围填未利用、海域与这些驱动因子之间的回归系数。在 SPSS 软件下 Analyze 菜单下的 ROC 曲线命令实现对回归结果的检验，所有类型 ROC 曲线面积在 0.7 以上，说明进入回归方程的因子对海域类型的空间分布格局具有较好的解释效果。

由 β 设定 alloc.reg 文件，为.txt 文档（图 6.8）。

```
0
        14.947
2
        0.040          5
        -15.743              6
1
        16.814
3
        -0.001               3
        -0.587               5
        -11.642              6
2
        -13.622
6
        0.001          0
        -0.001               1
        -0.002               3
        0.001          4
        0.171          5
        0.536          6
3
        -15.878
6
        -0.001               0
        0.002          1
        -0.001               2
        -0.006               3
        0.830          5
        -5.476               6
4
        -59.584
5
        -0.001               0
        0.008          1
        -0.006               2
        -0.003               4
        3.002          5
5
        -4.584
3
        0.001          3
        0.155          5
        1.513          6
```

图 6.8 alloc.reg 文件参数设置

7. main.1 文件设定

由以上各文件的设定结果完成 main.1 文件设定，保存为.txt 文档。命名为 main.1，完成 main.1 文件的设定（图 6.9）。

6
1
6
7
409
472
1
584383.2705
4498431.5406
0、1、2、3、4、5、6
0.8、0.9、0.9、0.9、0.9、0.1、0.1
2010、2015
0
1
0
1、2
0
0

图 6.9　main.1 文件参数设置

三、模拟结果与检验

完成以上参数文件设定后，运行 CLUE-S 模型，生成 2015 年海域利用类型模拟图。

CLUE-S 模型生成的是 ASCII 文件，将 ASCII 文件导入 ArcGIS，运行 import Raster/ASCII to Grid 命令，并将栅格数据转化为矢量数据，得到 2015 年海域利用类型模拟图（图 6.10）。

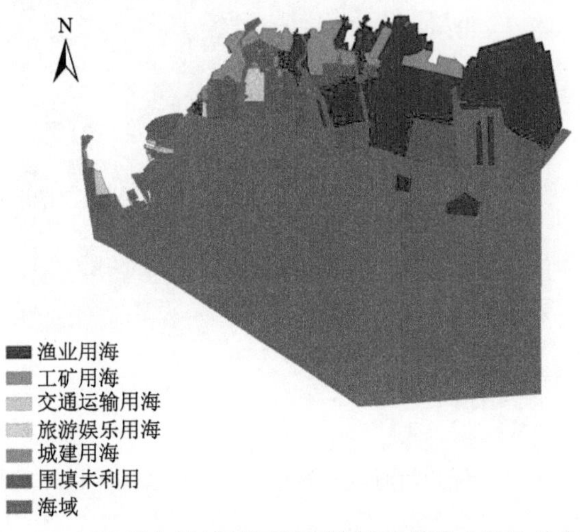

图 6.10　2015 年锦州市海域利用类型模拟示意图（详见书末彩图）

为了判断模拟结果是否达到精准要求，必须进行相应的检验。通常采用 Kappa 指数来检验模拟效果。

$$\text{Kappa} = \frac{P_0 - P_c}{P_p - P_c} \tag{6.1}$$

式中，P_0 为正确模拟的栅格比例；P_c 为随机状况下期望的正确模拟比例；P_p 为理想状况下期望的正确模拟比例。

本书运用 ArcGIS 的 Spatial Analyst 工具中的数学分析，将 2015 年海域利用类型模拟图和 2015 年海域实际利用类型图（图 6.11）做相减计算，提取出 0 值栅格个数，即为正确的栅格数，得到模拟栅格数为 99 054 个，约占总栅格数 118 627 的 83.5%，所以 $P_0 = 0.835$。锦州市附近海域共有七种海域使用类型，每个栅格随机状况下期望的正确模拟比例 $P_c = 1/7$。理想状况下期望的正确模拟比例是 $P_p = 1$，计算出 Kappa 指数为 0.8075（>0.6），模拟效果较好（李月臣和何春阳，2008；Castella and Verburg，2007；Verburg et al.，2002）。因此将 CLUE-S 模型引入研究区海域利用的动态扩展模拟是可行的。

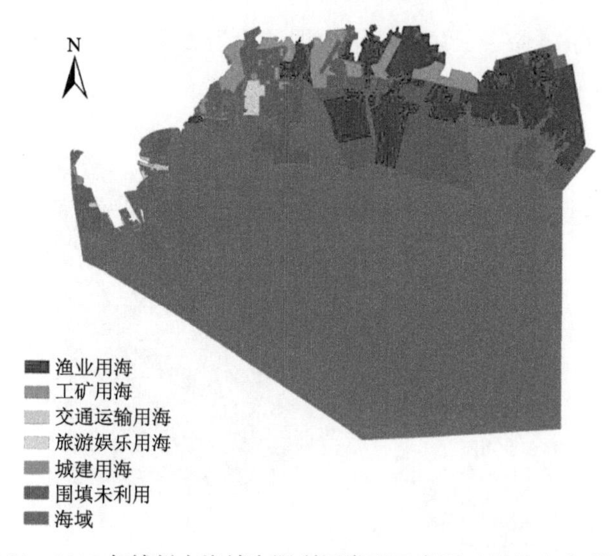

图 6.11　2015 年锦州市海域实际利用类型示意图（详见书末彩图）

在维持现状发展的情况下，假设2015～2017年，研究区海域利用状况不受政治、经济、文化的影响，继续保持原来的发展趋势，结合《锦州市海洋功能区划报告》，推求2015年、2016年锦州湾海域各类型用海的需求量。2017年5月国家海洋局下发的《国家海洋局关于进一步加强渤海生态环境保护工作的意见》提出，暂停受理、审核渤海内围填海项目，因此锦州市附近海域未来一段时间内将暂停围填海，由此推测该区域未来各类型用海将可能从围填未利用类型进行转移，从而推求2017～2020年锦州市各类型用海的需求量，如表6.8所示。

表6.8　在维持现状发展的情况下各类型用海的需求量　单位：公顷

年份	渔业	工矿	交通运输	旅游娱乐	城建	围填未利用	海域
2015	15 055.6	3 249.5	618.9	124.0	534.8	10 003.9	88 148.6
2016	15 836.6	3 191.0	708.3	137.2	686.7	9 026.9	86 556.8
2017	16 617.6	3 132.5	797.7	150.4	838.6	8 049.8	84 365.0
2018	17 398.7	3 074.0	887.1	163.6	990.5	7 072.8	84 365.0
2019	18 179.7	3 015.6	976.5	176.8	1 142.4	6 095.7	84 365.0
2020	18 960.7	2 957.1	1 065.9	190.0	1 294.3	5 118.7	84 365.0

将得到的结果在ArcGIS中进行转换，得到研究区2020年海域利用情况，如图6.12所示。

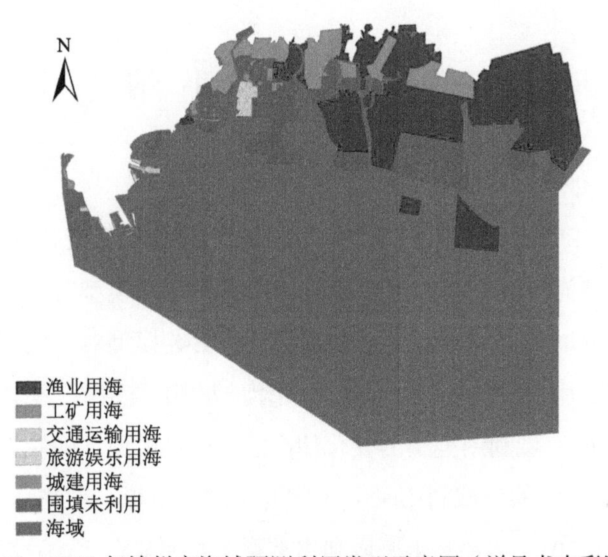

图6.12　2020年锦州市海域预测利用类型示意图（详见书末彩图）

在自然增长的情况下，2015～2017 年研究区围填海力度继续加大，各种海域利用类型面积继续增长，经济发展迅速。2017 年后，研究区用海将主要从围填未利用类型进行转移，预计到 2020 年，锦州市海域预测利用总面积为 29 586.7 公顷，其中主要的开发利用类型有渔业用海、围填未利用、工矿用海、交通运输用海及城建用海。预计 2020 年锦州市渔业用海面积将近 18 960.7 公顷，约占锦州市总用海面积的 64%，围海养殖和渔业基础设施用海主要集中在锦州市中部和东部，锦州市开放式养殖中海参养殖较多，主要集中在东部，中部和南部也略有分布；2020 年锦州市围填未利用面积预计可达 5118.7 公顷，约占锦州市总用海面积的 17%，主要为围填海快速发展期形成的大量围而未用、填而未用、低效盐田、低效工业城镇用海及低效养殖池塘等；工矿用海面积预计可达 2957.1 公顷，约占锦州市总用海面积的 10%，主要以盐业用海及其他工业用海为主，主要分布在锦州市西北部娘娘宫临港产业区海域；2020 年锦州湾交通运输用海面积预计可达 1065.9 公顷，约占锦州市总用海面积的 4%，主要以港口用海为主，主要分布在锦州市西部海域；城建用海面积预测可达 1294.3 公顷，约占锦州市总用海面积的 4%，主要为由原来填而未建区域发展的城镇建设区域，主要分布在锦州市西北部娘娘宫临港产业区海域。

第四节　本 章 小 结

目前关于 CLUE-S 模型的研究较多用于土地利用变化的模拟，本书将 CLUE-S 模型与海域利用类型格局分析相结合，运用模型对研究区海域利用变化进行模拟，并取得了较好的结果，说明 CLUE-S 模型对海域利用变化的动态模拟具有一定适用性。根据 2010 年锦州市海域利用类型图，笔者研究了研究区 2010～2015 年的海域利用类型的变化情况，并在对模型准确性进行验证的情况下对研究区 2020 年的海域利用时空变化情况进行模拟、预测。

（1）2010～2015 年锦州市海域利用类型发生明显变化。海域利用状况主要以渔业、工矿、交通运输、旅游娱乐、城建、围填未利用六种海域利用类型为主，海域减少约 1.1 万公顷，可见其围填海程度在逐年增大。总变化幅度中海域（10959 公顷）>围填未利用（6234 公顷）>渔业（3905 公顷）>城建（456 公顷）>交通运输（447 公顷）>工矿（202 公顷）>旅游娱乐（66 公顷），整体表现为渔业用海占主体地位，城建用海、交通运输用海、旅游娱乐用海略有增加，工矿用海减少，同时在 2010～2015 年研究区出现大量的围填未利用地。

（2）本书以所收集到的锦州市海域图为基础，选取影响海域利用类型变化的距城镇距离、距村居民点距离、距河流距离、距交通运输线距离、距海岸线距离、锦州海洋底质、锦州海域等深线七个自然和社会驱动因子，利用 Logistic 回归模型对驱动因子和单一海域利用类型的关系进行回归分析，并利用 ROC 曲线分析驱动因子和单一海域利用类型的模拟精度。各类型的 ROC 值：渔业为 0.927，工矿为 0.962，交通运输为 0.990，旅游娱乐为 0.997，城建为 0.995，海域为 0.956。ROC 值均在 0.9 以上，说明各驱动因子与各类型用海的关联度较强，模拟精度较好，选取的驱动因子有效。

（3）本书以 2010 年数据为模拟的初始数据，以 2015 年围填海海域利用作为模型的需求数据，将通过 Logistic 回归分析得到的七个驱动因子的回归方程输入到模型中进行数据模拟，并对 2015 年海域利用状况数据进行检验。利用 Kappa 指数对模拟结果进行检验，检验值为 0.8075，说明 CLUE-S 模型对研究区海域利用格局动态模拟具有一定的适用性。

（4）本书模拟 2020 年锦州市海域预测利用类型图，统计出 2020 年锦州市海域预测利用总面积为 29 586.7 公顷，其主要的开发利用类型为渔业用海、围填未利用、工矿用海、交通运输用海、城建用海，分别约占锦州市总用海面积的 64%、17%、10%、4%、4%。本书还对各类型用海的分布地区及主要用海方式进行了阐述。

本书研究方法的不足之处有以下五个方面。

（1）本书中海域需求模块是相对于 CLUE-S 模型独立输入的，其仅采用了简单的线性内插并参考规划数据得到，没有对海域利用与经济发展的关联关系做进一步分析，有可能影响预测的准确性。

（2）海域利用的变化受自然和社会、政策等多方面的影响。本书选择驱动因子时，仅选取了距村居民点距离、距交通运输线距离、距城镇距离等社会因素及锦州海洋底质、锦州海域等深线等自然因素，对政策影响的因素考虑不足，这可能会在一定程度上对模拟结果精度产生影响。在未来的研究中，条件允许的情况下，应选择更准确、广泛的驱动因子。

（3）本书中 CLUE-S 模型中转移弹性系数参数设置，主要是根据参考资料，并在模型的调试中进行修订。在以后的研究中，应该在对海域利用历史数据进行详尽分析、验证的基础上，求取更加有效的方法，增加参数设置的科学性。

（4）CLUE-S 模型中空间数据的模拟以栅格形式进行，本书采用 100 米 × 100 米的栅格单元大小。在以后的研究中，应该根据不同的区域地貌等自然条件的复杂程度，选择合适的空间分辨率。

（5）本书在对 2020 年进行预测模拟时，简单计算了自然状况下的海域利用类型模拟数据，没有考虑生态、经济、政策等方面的问题。在未来的研究中，应该分为不同的情景进行模拟，使研究结果具有更好的可信度。

参 考 文 献

摆万奇，张永民，阎建忠，等．2005．大渡河上游地区土地利用动态模拟分析．地理研究，24(2)：206-212.

曹瑞娜．2014．基于 GIS 和 CLUE-S 模型的山区土地利用情景模拟研究——以西霞市为例．山东农业大学硕士学位论文.

韩欣池．2014．基于 CLUE-S 模型的哈尼梯田文化景观变化、驱动及情景模拟．浙江大学硕士学位论文.

黄明，张学霞，张建军，等．2012．基于CLUE-S模型的罗玉沟流域多尺度土地利用变化模拟．资源科学，34(4)：769-776.

金彭年，陈小龙．2012．海岸带可持续发展立法刍议——以填海造地为视角．法制研究，(2)：50-59.

李月臣，何春阳．2008．中国北方土地利用/覆盖变化的情景模拟与预测．科学通报，53(6)：713-723.

谭永忠，吴次芳，牟永铭，等．2006．经济快速发展地区县级尺度土地利用空间格局变化模拟. 农业工程学报, 22(12): 72-77.

吴桂平. 2008. CLUE-S 模型的改进与区域海域利用变化模拟. 中南大学硕士学位论文.

张丁轩, 付梅臣, 陶金, 等. 2013. 基于 CLUE-S 模型的矿业城市土地利用变化情景模拟. 农业工程学报, 29(12): 246-256, 294.

Castella J C, Verburg P H. 2007. Combination of process-oriented and pattern-oriented models of land-use change in a mountain area of Vietnam. Ecological Modelling, 202(3/4): 410-420.

Veldkamp A, Fresco L Q. 1996. CLUE: A conceptual model to study the conversion of land use and its effects. Ecological Modelling, 85(2): 253-270.

Verburg P H, Eickhout B, Meijl H V. 2008. A multi-scale multi-model approach for analyzing the future dynamics of European land use. Annals of Regional Science, 42(1): 57-77.

Verburg P H, Soepboer W, Veldkamp A, et al. 2002. Modeling the spatial dynamics of regional land use: The CLUE-S model. Environmental Management, 30(3): 391-405.

第七章

基于 GIS 的水环境容量及水环境质量评价

第一节　基于GIS的水环境容量计算

环境容量，又称环境的承受力，日本学者吉川博为改善水和大气环境的质量将这个概念引入环境保护领域，并将其定义为“环境容量是由自然还原能力、人工处理设施和人们对环境的意见等所规定的整个生活圈内所允许的活动容量”（谢润婷，2017）。1986年联合国海洋污染专家小组将水环境容量定义为：水环境容量是指在不影响水的正常用途的情况下，水体所能容纳的污染物的量或自身调节净化并保持生态平衡的能力（周密和王华东，1987）。目前水环境容量的计算多是在对污染物输移、扩散和转化规律研究的基础上，结合机理分析，建立多维水质方程、水动力学方程，确定研究区平衡浓度场，从而与监测区水质目标进行比较，最终确定研究区水环境容量（王华东和夏青，1983；张永良和刘培哲，1991；陈阳等，1999）。李适宇等（1999）提出基于二维扩散的分区达标控制法，并将分区达标控制法用于求解海域环境容量。鲍琨等（2011）综合考虑水文、水体污染来源等因素，建立了控制断面水质与污染源的响应关系，进而进行控制单元水环境容量的计算。谢蓉蓉等（2012）以江苏省沿海区域作为研究对象，根据入海排污口排污方式的不同建立了两种水环境容量计算方法——沿岸排污区域水环境容量计算方法和离岸区域水环境容量计算方法。蔡惠文（2004）提出考虑风向风速联合频率订正及污染带控制的水环境容量计算方法。王华等（2007）提出了基于非均匀分布系数的水环境容量计算方法。以上可以看出水环境容量的计算方法繁多，这些方法对水环境的科学管理有着重要意义。但是这些研究方法虽然拥有较强的机理性，能体现出研究区局部的水质变化信息，但研究成本较高，同时污染物在实际环境的变化非常复杂（关道明，2011），研究区经费和监测条件的限制常常使机理性的监测实验难以进行。因此，探讨如何能够针对不同的研究目标和区域情况，结合不同的资料条件，用不同的模型建立可行的海洋环境容量计算方法，对控制水环境污染具有重要的现实意义。因此，本书将以锦州湾海域为研究对象，探讨一种新的水环境容量计算方法，通过GIS地统计分析插值模型和参数优化模型对研究区污染物浓度和水深数据进行离散插值，从而与控制水质目标比较，进行水环境容量的估算，以期为资料匮乏条件下水环境容量的估算提供一种参考模型。

一、基于GIS的水环境容量计算模型

GIS在水文、气象等多个领域（许海丽等，2012；逄勇，2010）有着非常广泛的应用，尤其将点源数据插值成连续空间表面数据，GIS表现出无可比拟的优势，例如，数字高程模型插值分析、降雨信息插值、气温空间分布插值、气象要素信息插值等。这些插值分析方法为水环境容量的计算提供了一种新的解决方案：把水环境容量计算模型中的水质指标和水深要素作为空间插值模型中的降雨量、地形要素等指标进行插值模拟计算，代替传统的复杂机理过程分析计算，通过插值模型和参数优化模型建立基于GIS的水环境容量计算模型。

1. 基于ArcGIS空间插值

地统计学是以区域化变量理论为基础，借助变异函数，研究既具有随机性又具有空间相关性的自然现象的一门学科（逄勇，2010）。ArcGIS地统计分析模块是一个完整的GIS地统计分析的工具包,通过工具条提供地统计分析向导，建立在大量随机样本的基础上，分析样本间规律，进行相关预测，帮助用户实现合理的表面插值（逄勇，2010）。ArcGIS地统计分析模块提供了两类插值方法：确定性内插法和克里金（Kriging）插值法。

克里金插值法又称空间局部插值法，广泛地应用于地下水模拟、土壤制图等领域，是一种很有用的地质统计格网化方法。它通过协方差函数和变异函数确定空间变量随距离变化的规律，是以距离为自变量的变异函数，计算相邻变量间的关系权值，从而在有限区域内对变量进行无偏最优估计。它是一种光滑的内插方法，在数据点较多，且区域化变量存在空间相关性时，其内插的结果可信度较高。

克里金插值法用公式可表示为

$$z^*(x_0)=\sum_{i=1}^{n}\lambda_i z(x_i) \tag{7.1}$$

式中，$x_1,\cdots,x_n$ 为区域上的系列观测点；$z(x_1),\cdots,z(x_n)$ 为对应的观测值；λ_i 为待定权重系数；$z^*(x_0)$ 为区域化变量在 x_0 处的值。

克里金插值法的主要步骤如图 7.1 所示。

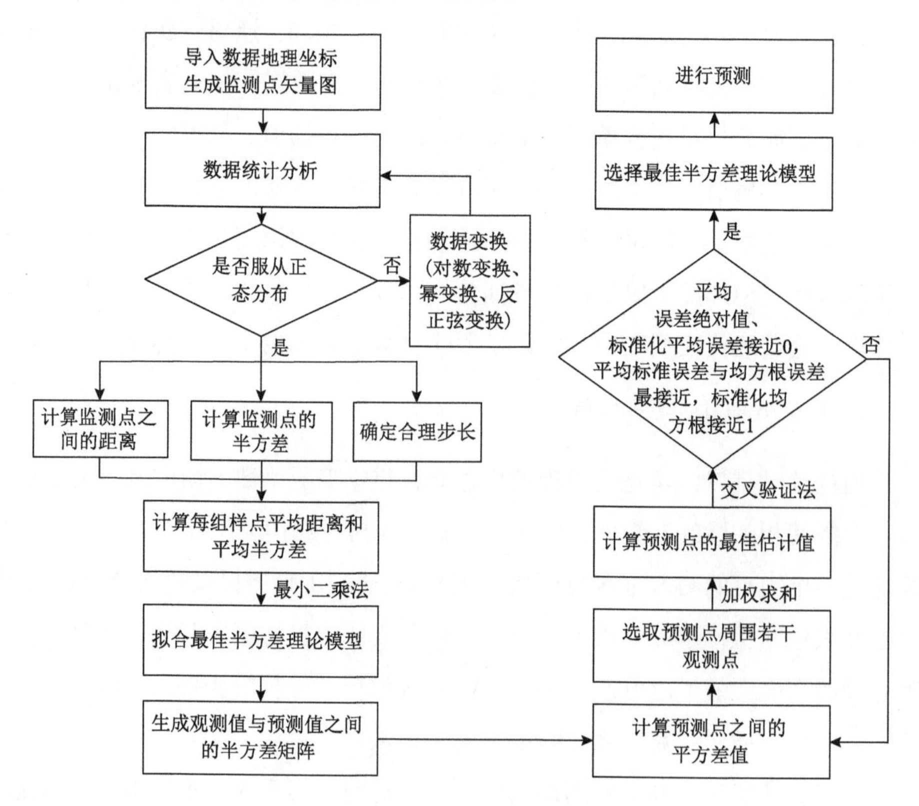

图 7.1　克里金插值法的主要步骤

2. 基于 GIS 的水环境容量计算

海洋环境容量实际上是研究目标海域在规定环境目标下容纳的污染物的最大负荷问题，受到水体环境要素特征、生物化学衰减机理、污染物稀释方式、污染物扩散等多个因素影响（彭泰，2012；郝嘉亮，2013）。本书将该问题简化研究，将水质预测问题转化为数学统计问题，充分利用水体水质、沉积物监测数据，利用克里金插值法对水质指标、水深数据进行插值，将研究区域离散为一个个均匀的栅格单元，同时栅格单元内污染物均匀分布，那么该栅格单元的水环境容量计算就可以概化为栅格内的水体环境容量及沉积物环境容量，那么该栅格单元的水环境容量计算公式应为

$$w = \alpha \times [(\beta_s - \beta_i) \times A \times h + (k_1 - d_i) \times A \times h_1 \times \rho] \quad (7.2)$$

式中，w 为栅格单元的水环境容量，β_s 为污染物的控制浓度，β_i 为污染物的插值模拟值，α 为不均匀系数，A 为栅格单元面积，h 为栅格单元水深，k_1 为单位重量沉积物释放或吸附量，h_1 为沉积物释放有效深度，d_i 为当前沉积物的浓度，ρ 为沉积物密度。其中不均匀系数参考湖泊水域纳污能力，具体参数取值如表 7.1 所示。

表 7.1　不同湖泊面积及不均匀系数取值

面积/千米^2	不均匀系数	面积/千米^2	不均匀系数
50	0.408	2400	0.069
500	0.112	3000	0.054
1000	0.091		

在计算出每一个栅格单元的水环境容量后，确定水环境容量最容易超标的区域，以最易超标区域的环境容量为区域水环境控制标准，最终计算出研究区域的水环境容量。

二、实例应用

葫芦岛市和锦州市是国家重要的工业基地，拥有锦西炼油厂、葫芦岛锌厂、锦西化工总厂等，2009 年葫芦岛市工业企业总产值 684.5 亿元（柯丽娜，2013）。作为社会经济发展重要支撑的锦州湾海域，有必要研究其环境问题。

锦州湾共布设了 20 个监测点，监控海域面积 160 平方千米，水质监测指标为无机氮、化学需氧量、叶绿素、氨氮、亚硝酸盐、硝酸盐、活性磷酸盐、pH、盐度、溶解氧、石油类、汞、镉、铅、铬、砷、锌、铜，沉积物监测指标为石油类、有机碳、硫化物、汞、镉、铅、砷、铜、锌、多氯联苯、六六六、滴滴涕，监测频率为每年的 5 月、8 月、10 月。在对锦州湾海域水质进行综合研究的基础上，发现无机氮、化学需氧量、活性磷酸盐、铅、镉、锌这几个指标对海湾水质影响较大（柯丽娜，2013；钱轶超，2011），本书对这些指标的水环境容量进行了计算，从而为水环境的治理与管理提供一定的依据。

1. 无机氮水环境容量

无机氮是近岸海域主要的污染物之一，赤潮、富营养化事件都和无机氮有密切的关系，一般 8 月是最容易发生富营养化的季节（柯丽娜，2013；钱轶超，2011），分析监测水质资料也证明 8 月的水质状况较差，因此本书在水环境容量计算中，以 2009 年 8 月为基准计算该区域的水环境容量。

研究海域面积为 160 平方千米，参照表 7.1，计算后求取不均匀系数为 0.380，由于沉积物缺乏无机氮的测定，取 k_1 为 0，即不考虑沉积物的吸附或者释放，分别考虑海水水质四个标准下的水环境容量，以方便管理人员从不同的需求进行环境管理与控制。

利用 GIS 栅格计算，将不均匀系数、栅格单元面积、栅格单元水深、可溶性无机氮（DIN）插值数据代入公式 7.2，计算得到 DIN 总环境容量，如表 7.2 所示。

表 7.2　基于 GIS 的水环境容量计算结果　　单位：吨/年

水质目标	计算方法	无机氮	活性磷酸盐	化学需氧量	锌	铅	镉
Ⅳ类	基于 GIS 的水环境容量计算模型	281	31	3971	527.8	46.7	10.34

同理得到活性磷酸盐、化学需氧量水环境容量，如表 7.2 所示。

2. 重金属水环境容量

由于靠近葫芦岛锌厂及来自五里河入海口陆源排污，锦州湾海域沉积物中重金属污染较为严重，尤其铅、锌、镉等重金属元素含量较高，超过 50%的站位超出一类沉积物质量标准，重金属大部分以非残渣态存在，易进入水相或被生物所利用再次释放出来，造成二次污染（柯丽娜，2013；钱铁超，2011；范文宏等，2006；葛成凤，2012），本书对部分重金属水环境容量进行了计算。进入水体的大部分重金属常常转移至悬浮颗粒物或底层沉积物中，因此在对重金属水环境容量进行计算时应考虑沉积物的吸附作用，即本书铅水环境容量计算既包括海域海水中铅的剩余环境容量又包括沉积物中铅的剩余环境容量。

铅水环境容量计算中不均匀系数参照表 7.1，计算后求取不均匀系数为 0.380；锦州湾属于港口航运区，执行Ⅳ类海水水质标准，计算对应海水水质标准下铅的水环境容量；参考相关文献（范文宏等，2006；葛成凤，2012；武倩倩，2006；李晋昌等，2013；朱静等，2007）可知，不同粒径的沉积物对重金属的吸附作用是不同的，粒径越小，沉积物对重金属的吸附作用越大，粒径从小到大的最大吸附量分别为 28.760 毫克/克、20.121 毫克/克、15.038 毫克/克、12.579 毫克/克，这里 k_1 取其平均值，约为 19.12 毫克/克；参考相关文献（范文宏等，2006；葛成凤，2012；武倩倩，2006；李晋昌等，2013；朱静等，2007；谢蓉蓉等，2012）确定沉积物湿密度为 1.65 克/厘米^3，含水量为 70%，由此确定沉积物干密度 ρ 为 0.5 克/厘米^3。由于沉积物吸附和释放在表层 10 厘米内的影响最大（武倩倩，2006），因此本书沉积物深度取 0.1 米，由此得到铅的水环境容量，如表 7.2 所示。

同理得到重金属锌、镉的水环境容量，如表 7.2 所示。

三、结论与讨论

本书以锦州湾海域为研究对象，通过 GIS 地统计分析插值模型和参数优化模型对研究区海域污染物和水深进行离散插值，建立基于GIS的水环境容量计算方法，从而达到对海域水环境容量的直接估算。锦州湾海域水环境容量计算结果为无机氮281吨/年，活性磷酸盐31吨/年，化学需氧量3971吨/年，锌527.8吨/年，铅46.7吨/年，镉10.34吨/年。由于受来自大兴河和连山河的陆源污染影响，锦州湾海域的DIN浓度呈现北部高、南部低的特点，大兴河、连山河一带海域的DIN浓度高于其他区域。受靠近葫芦岛锌厂及来自五里河入海口陆源排污的影响，锦州湾海域沉积物中重金属污染较为严重，尤其铅、锌、镉等重金属元素含量较高。

基于GIS的水环境容量计算方法不依赖于水动力扩散和污染衰减条件，将整个研究区域看作均匀混合的水体，较其他水环境容量计算方法投入成本小，过程方法比较简单。虽然忽略了各点之间污染物的对流扩散，没有考虑排污口的影响，计算得到的是瞬时的剩余水环境容量，但该环境容量计算方法对水环境管理仍有一定的参考价值，可以作为海域水环境容量的初步调查分析方法，或是资料匮乏条件下的一种先行的计算方法。由于锦州湾属于港口航运区，本书执行Ⅳ类海水水质标准，不均匀系数参考湖泊水域纳污能力，所以得到的锦州湾海洋环境容量的结果不够精准，有待完善。

第二节　基于GIS建模的海水环境质量可变模糊识别评价

随着海洋经济产业的迅速发展，沿海地区对海洋开发利用的程度越来越高，各种港口泊位、人工岛、防波堤和围填海等涉海、用海工程建设项目越来越多，排入海中的污染物逐年增加，营养化趋势日益加剧，赤潮频繁发生，许多经济鱼类消失，使海水养殖业遭受巨大损失，海水水质成为人们普遍关注的焦点（柯丽娜，2013）。自20世纪50年代以来，国内外学者对海洋环境质量进行了深入的研究，相继提出了单项指数（Fierer et al.，2007）、模糊综合评价法（Li et al.，2009；章斌和宋献方，2013）、灰色聚类法（赵彦飞等，2015）、物元分析法（安岩和邹志红，2014）、BP 神经网络法（Guo et al.，2011）和支持向量机（SVM）（张颖等，2016）等评价方法，这些方法各有优缺点。事实上，在实际海洋工作中，模糊综合评价法是应用较多的一种评价方法，它解决了经典数学模型中只能以“非此即彼”来描述确定性问题的局限，采用“亦此亦彼”的模糊集合理论来描述非确定性问题，有效地解决了环境评价中表现出的边界模糊、亦此亦彼的过渡性质（刘新颜等，2013；舒帮荣等，2012），但模糊综合评价法在评价过程中存在一定的不确定性，且模型难以自我调整与自我验证。实质上海水水质评价是一个具有确定性评价指标和评价标准与具有不确定性评价因子及其含量变化相结合的分析过程，是一个多因素多水平耦合作用的复杂分析过程（柯丽娜，2013；陈守煜，2009，2012；陈守煜和王子茹，2011）。陈守煜教授创立的可变模糊评价方法（陈守煜，2012；陈守煜和王子茹，2011）能够将确定性与不确定性作为一个系统进行综合考虑，并予以辩证分析和数学处理，能较好地解决包括多目标、非线性、高维数以及包容模糊、灰色等常见不确定的具体问题，为多指标多级别综合评价提供了新的思路与方法，在水资源可持续利用、海域承载力评价（于广华和孙才志，2015）等方面有所应用。本书将这种方法引入海水水质综合评价中，构建基于对立统一与质量互变定理的海水水质可变模糊评价模型，并结合 GIS 栅格数据在空间信息表达方面适于建立各种复杂数学模型的优势，以 GIS 多源栅格数据为基础，对锦州湾 2007～2011 年海水水质状况进行定量评价研究，验证其应用于水质评价的准确性和可靠性，以期为海水环境质量评价提供一种新的方法和思路。

一、基于 GIS 多源栅格的锦州湾海水环境可变模糊识别模型实现

GIS 作为一种交互式的、可视化的决策支持工具，以地理空间信息为基础，方便建立各种复杂数学模型，能够提供对各种自然社会现象及其系统过程的模拟，以及多种空间的、动态的地理信息的表达。

1. GIS 栅格数据生成

本节中 GIS 栅格数据生成及可变模糊识别模型是在 ArcGIS 10.2 平台上借助地统计分析模块、模型构建器（Model Builder）模块及栅格计算器工具实现的（李喆等，2014；白燕等，2011；蔡青等，2012；汤国安和杨昕，2012；石志华等，2015）。利用 ArcGIS 地统计分析模块，首先考察水质采样点指标数据的空间分布，对其指标数据进行对数变换、幂变换及反正弦变换等使指标数据成正态分布，并根据海水水质采样点间距离及其半方差情况确定合理的步长，进一步对水质采样数据进行分组，计算各组样本点的平均距离及平均半方差，按照最小二乘法拟合求取其最佳半方差理论模型，进一步计算水质预测点的最佳估计值，并采用交叉验证法检验所拟合模型的合理性及预测的精度，最后得到经过插值后的海水水质评价指标集栅格数据 $\{X_1, \mathrm{L}\ , X_m\}$。

2. 基于 GIS 栅格的可变模糊识别模型

在可变模糊集理论的基础上（陈守煜，2009，2012；陈守煜和王子茹，2011），海水水质评价依据 m 个指标，按 c 个级别进行识别，其最终结果以级别特征值形式 h（h=1, 2, 3, ···, c）表示，则建立的海水水质样本特征值矩阵与指标标准特征值矩阵分别为

$$X=\left(x_{ij}\right), i=1,\ 2, \mathrm{L}\ , m;\ j=1,\ 2,\ 3, \mathrm{L}\ , n \tag{7.3}$$

$$Y=\left(y_{ij}\right), i=1, 2, \mathrm{L}\ , m;\ j=1,\ 2,\ 3, \mathrm{L}\ , c \tag{7.4}$$

为统一指标样本特征值、指标标准特征值矩阵的量纲，需对其进行规格化处理，处理公式为

$$r_{ij}=\begin{cases} 0, x_{ij}<y_{ic}(\text{越小越优型指标})\text{或}x_{ij}>y_{ic}(\text{越大越优型指标}) \\ \dfrac{x_{ij}-y_{ic}}{y_{i1}-y_{ic}}, y_{i1}>x_{ij}>y_{ic}\text{或}y_{i1}<x_{ij}<y_{ic} \\ 1, x_{ij}<y_{i1}(\text{越小越优型指标})\text{或}x_{ij}>y_{i1}(\text{越大越优型指标}) \end{cases} \tag{7.5}$$

$$s_{ih}=\begin{cases}0, & y_{ih}<y_{ic}(\text{越小越优型指标})\text{或}y_{ih}>y_{ic}(\text{越大越优型指标})\\ \dfrac{y_{ih}-y_{ic}}{y_{i1}-y_{ic}}, & y_{i1}>y_{ih}>y_{ic}\text{或}y_{i1}<y_{ih}<y_{ic}\\ 1, & y_{ih}\geqslant y_{i1}(\text{越大越优型指标})\text{或}y_{ih}<y_{i1}(\text{越小越优型指标})\end{cases} \quad (7.6)$$

式中，r_{ij} 为样本 j 指标 i 特征值对于模糊概念的相对隶属度，即规格化指数；y_{i1}、y_{ic}、y_{ih} 为指标 i 的 1 级、c 级、h 级的标准特征值；s_{ih} 为指标 i 对于级别 h 的标准特征值 y_{ih} 的规格化指数。

可变模糊识别模型公式为

$$u_{hj}=\begin{cases}0, 1\leqslant h<a_j\text{或}c\geqslant h>b_j\\ \left\{\sum_{k=a_j}^{b_j}\left[\dfrac{\sum_{i=1}^{m}\left[w_i\left|r_{ij}-s_{ih}\right|\right]^p}{\sum_{i=1}^{m}\left[w_i\left|r_{ij}-s_{ik}\right|\right]^p}\right]^{\frac{\alpha}{p}}\right\}^{-1}, a_j<h<b_j\end{cases} \quad (7.7)$$

式中，a_j 为决策 j 的级别下限值；b_j 为决策 j 的级别上限值。α=1 或 2，p=1 或 2，w_i 为各项指标的权重。α 与 p 的不同组合针对不同的情况，当评价对象间表现为弱非线性时，采用组合 α=1，p=1；表现为一般线性相关时，采用组合 α=1，p=2 或组合 α=2，p=1；表现为强线性相关时，采用组合 α=2，p=2；当非线性程度难以确定时，采用四个组合的平均值。

则建立的海水水质样本集对评价标准的最优相对隶属度矩阵为

$$U=(u_{hj}) \quad h=1, 2, 3, \cdots, c;\ j=1, 2, 3, \cdots, n \quad (7.8)$$

再根据相关文献（陈守煜，2009，2012；陈守煜和王子茹，2011）提出的级别特征值模型，求出待评价样本集的级别特征值（H）。

$$H=(1, 2, \cdots, c)\cdot u_{hj} \quad (7.9)$$

利用 ArcGIS 的模型构建器模块及栅格计算器进行级别特征值的计算，为避免最优相对隶属度矩阵计算时数学公式太过复杂，容易导致计算误差，在这里引入了三个变量，分别为f_{hj}、d_{hj}、d_{sum}，其计算方法为

$$f_{hj}=\sum_{i=1}^{5}\left[w_i\left|r_{ij}-s_{ih}\right|\right]^p \quad h=1,2,3,4,5;\ j=1 \tag{7.10}$$

$$d_{hj}=f_{hj}^{\frac{1}{p}} \quad h=1,2,3,4,5;\ j=1 \tag{7.11}$$

$$d_{\text{sum}}=\sum_{k=a_j}^{b_j}d_{hj}^{-\alpha} \tag{7.12}$$

则可变模糊识别模型公式（7.7）可转化为

$$u_{hj}=\begin{cases}0, & h<a_j\text{或}h>b_j\\ \left(d_{hj}^{\ \alpha}\cdot d_{\text{sum}}\right)^{-1}, & d_{hj}\neq 0, a_j<h<b_j\\ 1, & d_{hj}=0\end{cases} \tag{7.13}$$

在模型构建器中建立可变模糊识别模型的具体流程，如图 7.2 所示。

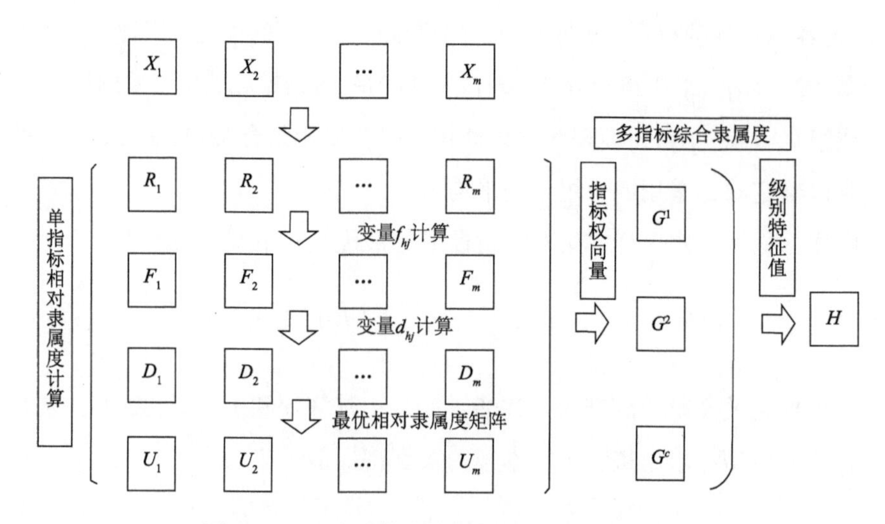

图 7.2　GIS 多源栅格数据的可变模糊识别模型

二、实例应用

结合锦州湾海水污染现状（刘明等，2014；刘兴亮，2010；马嘉蕊和邵秘华，1994；李艺红，2014），同时与国家海洋局公报中相关评价相结合，本书主要选择化学需氧量、溶解氧、无机氮、活性磷酸盐、石油类五个评价指标，水质标准采用我国《海水水质标准》（GB 3097-1997），具体评价标准如表7.3所示。

表7.3　海水水质评价指标标准值　　　单位：毫克/升

评价指标	指标标准值			
	第一类	第二类	第三类	第四类
化学需氧量 $x_1 \leqslant$	2	3	4	5
溶解氧 $x_2>$	6	5	4	3
无机氮（以氮计）$x_3 \leqslant$	0.20	0.30	0.40	0.50
活性磷酸盐 $x_4 \leqslant$（以磷计）	0.015	0.030	0.030	0.045
石油类 $x_5 \leqslant$	0.05	0.05	0.30	0.50

由表7.3可得到5×5阶海水评价指标标准特征值矩阵 Y：

$$Y=\begin{bmatrix} 0 & 2 & 3 & 4 & 5 \\ 6 & 5 & 4 & 3 & 0 \\ 0 & 0.2 & 0.3 & 0.4 & 0.5 \\ 0 & 0.015 & 0.03 & 0.03 & 0.045 \\ 0 & 0.05 & 0.05 & 0.3 & 0.5 \end{bmatrix}=y_{ih} \tag{7.14}$$

利用公式（7.9）可以得到海水评价指标标准特征值相对于级别 h 的指标标准特征值隶属度矩阵 S：

$$S=\begin{bmatrix}1 & 0.6 & 0.4 & 0.2 & 0\\ 1 & 0.863 & 0.67 & 0.5 & 0\\ 1 & 0.6 & 0.4 & 0.2 & 0\\ 1 & 0.67 & 0.33 & 0.33 & 0\\ 1 & 0.9 & 0.4 & 0 & 0\end{bmatrix}=S_{ih} \tag{7.15}$$

本书利用锦州湾2007～2011年5～10月的20个监测点的水质监测数据，所有样品均按《海洋监测规范》规定的方法采集、处理、保存、运输和分析。这里海水环境评价指标 i=5（化学需氧量、溶解氧、无机氮、活性磷酸盐、石油类五个指标），根据锦州湾海水水质监测数据的空间分布情况，以及相关文献（汤国安和杨昕，2012；石志华等，2015）的研究结果，本书采用克里金插值法进行水质指标的空间插值，得到评价指标栅格图像 $X=\{\mathrm{grid}_1, \mathrm{grid}_2, \cdots, \mathrm{grid}_i\}$，再利用公式（7.7）对栅格图像进行可变模糊栅格计算，确定其单指标隶属函数，栅格的属性数就是其单指标隶属度值，则所有栅格图像按照可变模糊识别模型构成 j 个隶属函数的栅格图像，即 grid_1 将生成 grid_{11}、grid_{12}、…、grid_{1j}，本例中 j=1；h=1, 2, 3, 3, 5。再结合ArcGIS空间叠置分析、模型构建器、矢量栅格转换、栅格计算等功能建立基于多源栅格数据的海水环境可变模糊综合评价模型，则评价对象对级别 h 的综合相对隶属度为

$$v_h(u)=\begin{bmatrix}w_1\cdot G_1^1 & w_2\cdot G_2^1 & \cdots & w_m\cdot G_m^1\\ w_1\cdot G_1^2 & w_2\cdot G_2^2 & \cdots & w_m\cdot G_m^2\\ \vdots & \vdots & & \vdots\\ w_1\cdot G_1^c & w_2\cdot G_2^c & \cdots & w_m\cdot G_m^c\end{bmatrix}^p=\begin{bmatrix}\sum_{i=1}^{m}\left(w_i\cdot G_i^1\right)^p\\ \sum_{i=1}^{m}\left(w_i\cdot G_i^2\right)^p\\ \vdots\\ \sum_{i=1}^{m}\left(w_i\cdot G_i^c\right)^p\end{bmatrix}=\begin{bmatrix}v_1\left(G^1\right)\\ v_2\left(G^2\right)\\ \vdots\\ v_c\left(G^c\right)\end{bmatrix} \tag{7.16}$$

本书需要说明的是，由于GIS平台中的栅格叠置分析功能不能直接实现数据矩阵与图像矩阵之间的合成运算，因此需要按照可变模糊识别模型公式展开，进行栅格叠置分析运算（图7.2），分别求得 α=1，p=1；α=1，p=2；α=2，p=1；

α=2，p=2 四种情况下的级别特征值向量栅格矩阵，再对其进行叠加求取平均值栅格向量矩阵，从而得到锦州湾海水水质级别特征空间分布图。

本书中五个指标的权重参考相关文献（陈守煜，2009，2012；陈守煜和王子茹，2011），运用经验知识经考虑后，确定各指标重要性的排序，即依次为化学需氧量、溶解氧、无机氮、石油类、活性磷酸盐，同时认为溶解氧和化学需氧量一样重要，其与无机氮和石油类相比略为重要，与活性磷酸盐相比较为重要，从而得到经归一化处理的各指标权向量为 $w=\left(0.26, 0.26, 0.17, 0.14, 0.1\right)$。

ArcGIS 栅格计算器计算各变量的具体语法如下。

指标相对隶属度矩阵 R 的计算语法为

Con（"%xi%" > yi5，0，Con（"%xi%" < yi1，1，（"% xi%" – yi5）/（yi1 – yi5）））, 其中 i=1, 2, 3, 4, 5。

变量 f_{hj} 的计算语法为

Power（0.26*Abs（"%r11%"–$s1h$）+0.26*Abs（"%r21%"–$s2h$）+0.17*Abs（"%r31%"–$s3h$）+0.14*Abs（"%r41%"–$s4h$）+0.17*Abs（"%r51%"–$s5h$），p）

变量 d_{hj} 的计算语法为

Power（"%f_{hj}%"，1/p），其中 h=1, 2, 3, 4, 5。

变量 d_{sum} 的计算语法为

Power（"%d_{11}%"，$-\alpha$）+Power（"%d_{21}%"，$-\alpha$）+Power（"%d_{31}%"，$-\alpha$）+ Power（"%d_{41}%"，$-\alpha$）+Power（"%d_{51}%"，$-\alpha$），其中 α=1 或 2。

最优相对隶属度矩阵 u_{hj} 的计算语法为

Con（"%d_{hj}%" == 0，1，Power（Power（"%d_{hj}%"，α）*"%d_{sum}%"，–1））

级别特征值 H 的计算语法为

1 * "%u_{11}%" + 2 * "%u_{21}%" + 3 * "%u_{31}%" + 4 * "%u_{41}%" + 5 * "%u_{51}%"，其中，Power 函数为计算数据的 n 次方；Abs 函数为计算函数的绝对值；Con 函数为判断函数，具体的语法规则为 Con（<condition>，<true_expression>，<false_expression>）。

三、结论与讨论

1. 结论

实践证明，将可变模糊模型方法与GIS建模方法结合起来，应用到海水水质评价中是完全可行的，该方法模型以栅格为基本研究对象，确定空间中各指标数据相对于各等级级别的隶属函数，从而将隶属函数的概念扩展到二维平面上，实现了水质评价结果的可视化表达，操作过程简单，扩展了可变模糊模型在水质评价领域应用的广度和深度，为海洋环境领域类似的多目标综合评价与决策提供了新的思路与方法。

连续多年的监测结果表明，锦州湾水体水质整体较差，评价综合等级值为1.60～2.82，污染严重的区域主要集中在受河口径流、陆源排污影响较大的大兴河口及锦州湾西侧海域，水质综合等级呈现由西部和西南部向东北方向递减，并呈扇形逐渐向外扩散的趋势。无机氮和重金属超标是造成锦州湾海域污染严重的原因。无机氮超标的主要原因有两方面：一是未经处理的生活污水、工业污水通过大兴河口、五里河口、连山河口排入锦州湾海域，对海洋环境造成影响；二是近岸船舶及有关作业活动产生的船舶污染物、垃圾、压载水、生活污水、废弃物等对锦州湾海域造成污染。重金属超标可能为填海造陆施工过程中含重金属的污水或渗滤液间歇式排放所致。

2. 讨论

目前的研究很少将可变模糊模型和空间数据结合起来，以实现对复杂模糊的现象及系统的模拟及表达，本节建立的基于GIS建模的可变模糊综合评价模型，有望拓展可变模糊模型在相关的多指标、多级别宏观评价领域应用的广度和深度，可以推广到相关的区域生态环境质量、水资源可持续利用、海域承载力评价、水环境评价、灾害风险评价等领域的评价及结果的表达。

基于GIS建模的可变模糊识别模型以栅格为基本研究对象，其计算结果的表达精度与栅格单元的大小有明显关系：栅格单元过大，则分析结果精确度降低；栅格单元过小，则会产生大量冗余数据，计算速度降低。因此在应用过程中应根据实际情况确定合理的栅格单元大小。

基于 GIS 建模的海水环境质量可变模糊评价模型，从隶属度的计算到隶属层的形成都较大限度地避免了人为因素的介入，但是应该指出，对于可变模糊评价模型来说，权重设置的合理性仍然是决定评价结果可靠性的一个重要因素，如何更合理地进行可变模糊综合评价模型权重的设置，以及根据级别特征值进行海水水质级别的划分，是可变模糊综合评价模型应用于海水水质评价应用时需要进一步完善的部分。

参 考 文 献

安岩, 邹志红. 2014. 基于改进物元分析和对应分析的水质评价研究. 数学的实践与认识, 44(13): 160-166.

白燕, 廖顺宝, 孙九林. 2011. 栅格化属性精度损失的评估方法及其尺度效应分析——以四川省 1∶25 万土地覆被数据为例. 地理学报, 66(5): 709-717.

鲍琨, 逄勇, 孙瀚. 2011. 基于控制断面水质达标的水环境容量计算方法研究——以殷村港为例. 资源科学, 33(2): 249-252.

蔡惠文. 2004. 象山港养殖环境容量研究. 中国海洋大学硕士学位论文.

蔡青, 曾光明, 石林, 等. 2012. 基于栅格数据和图论算法的生态廊道识别. 地理研究, 31(8): 1523-1534.

陈守煜. 2009. 可变模糊集理论与模型及其应用. 大连: 大连理工大学出版社.

陈守煜. 2012. 可变集—可变模糊集的发展及其在水资源系统中的应用. 数学的实践与认识, 42(1): 92-101.

陈守煜, 王子茹. 2011. 基于对立统一与质量互变定理的水资源系统可变模糊评价新方法. 水利学报, 42(3): 253-261, 270.

陈阳, 施介宽, 陈亮. 1999. 水质管理容量的计算. 环境导报, (1): 19-21.

范文宏, 张博, 陈静生, 等. 2006. 锦州湾沉积物中重金属污染的潜在生物毒性风险评价. 环境科学学报, 26(6): 1000-1005.

葛成凤. 2012. 铜、镉及磷在海洋沉积物上的吸附、解吸行为研究. 中国海洋大学硕士学位论文.

关道明. 2011. 我国近岸典型海域环境质量评价和环境容量研究. 北京: 海洋出版社.

郝嘉亮. 2013. 近岸海域水质动态评价及环境容量方法研究. 大连海事大学硕士学位论文.

柯丽娜. 2013. 辽宁省近岸海域环境问题与承载力分析研究. 大连理工大学博士学位论文.

李广楼, 崔毅, 陈碧鹃, 等. 2007. 秋季莱州湾及附近水域营养现状与评价. 海洋环境科学,

26(1): 45-48, 57.

李晋昌, 张红, 石伟. 2013. 汾河水库周边土壤重金属含量与空间分布. 环境科学, 34(1): 116-120.

李适宇, 李耀初, 陈炳禄, 等. 1999. 分区达标控制法求解海域环境容量. 环境科学, (4): 96-99.

李岩, 李克强, 王修林, 等. 2015. 近海污染物总量控制水质监测体系构建方法——以莱州湾为例. 中国海洋大学学报(自然科学版), 45(11): 69-74.

李艺红. 2014. 锦州湾水环境污染对沉积物微生物生态状况的影响关系研究. 沈阳理工大学硕士学位论文.

李喆, 李永树, 卓云. 2014. 一种基于 GIS 的预报降雨栅格动态生成方法初探. 地理科学, 34(6): 757-761.

刘明, 毕远溥, 龚艳君, 等. 2014. 典型海湾生态环境综合整治对策的初步研究——以辽宁省锦州湾和葫芦山湾为例. 大连海洋大学学报, 29(3): 272-275.

刘新颜, 曹晓仪, 董治宝. 2013. 基于 T-S 模糊神经网络模型的榆林市土壤风蚀危险度评价. 地理科学, 33(6): 741-747.

刘兴亮. 2010. 渤海海域海洋倾废区现状调查与评估研究. 大连海事大学硕士学位论文.

马嘉蕊, 邵秘华. 1994. 锦州湾沉积物芯样中重金属污染及变化动态. 中国环境科学, 14(1): 22-29.

逄勇. 2010. 水环境容量计算理论及应用. 北京: 科学出版社.

彭泰. 2012. 大连凌水湾海域环境容量研究. 大连海事大学硕士学位论文.

钱轶超. 2011. 浅水湖泊沉积物磷素迁移转化特征与生物作用影响机制研究. 浙江大学博士学位论文.

石志华, 刘梦云, 常庆瑞, 等. 2015. 基于优化参数的陕西省气温、降水栅格化方法分析. 自然资源学报, 30(7): 1141-1152.

舒帮荣, 黄琪, 刘友兆, 等. 2012. 基于变权的城镇用地扩展生态适宜性空间模糊评价——以江苏省太仓市为例. 自然资源学报, 27(3): 402-412.

汤国安, 杨昕. 2012. ArcGIS 地理信息系统空间分析实验教程(第二版). 北京: 科学出版社.

王华, 逄勇, 丁玲. 2007. 滨江水体水环境容量计算研究. 环境科学学报, 27(12): 2067-2073.

王华东, 夏青. 1983. 环境容量研究进展. 环境科学与技术, (1): 34-38.

武倩倩. 2006. 渤海近岸海域沉积物对 Cu^{2+}、Pb^{2+}吸附及 AVS 的研究. 中国海洋大学硕士学位论文.

谢蓉蓉, 逄勇, 屈健, 等. 2012. 江苏省沿海区域水环境容量计算研究. 海洋通报, 31(2): 214-222.

谢润婷. 2017. 非点源污染河流的水环境容量动态分析与定量研究. 浙江大学硕士学位论文.

许海丽, 潘云, 宫辉力, 等. 2012. 1959—2000年妫水河流域气候变化与水文响应分析. 水土保持研究, 19(2): 43-47.

杨建强, 朱永贵, 宋文鹏, 等. 2014. 基于生境质量和生态响应的莱州湾生态环境质量评价. 生态学报, 34(1): 105-114.

于广华, 孙才志. 2015. 环渤海沿海地区土地承载力时空分异特征. 生态学报, 35 (14): 4860-4870.

章斌, 宋献方. 2013. 运用数理统计和模糊数学评价秦皇岛洋戴河平原的海水入侵程度. 地理科学, 33(3): 342-348.

张雪, 张龙军, 侯中里, 等. 2012. 1980—2008年莱州湾主要污染物的时空变化. 中国海洋大学学报(自然科学版), 42(11): 91-98.

张颖, 李梅, 高倩倩. 2016. 基于 ELMR-SVMR 的海水水质预警模型研究. 大连理工大学学报, 56(2): 185-192.

张永良, 刘培哲. 1991. 水环境容量综合手册. 北京: 清华大学出版社.

赵彦飞, 邹志红, 王晓静. 2015. 改进的灰色相似关联度模型在水质评价中的应用. 数学的实践与认识, 45(12): 154-159.

周密, 王华东. 1987. 环境容量. 长春: 东北师范大学出版社.

朱静, 黄标, 孙维侠, 等. 2007. 农田土壤有效态微量元素的时空变化及其影响因素研究. 南京大学学报(自然科学版), 43(1): 1-12.

Fierer N, Morse J L, Berthrong S T, et al. 2007. Environmental controls on the lanscape-scale biogeography of stream bacterial communites. Ecology, 88(9): 2162-2173.

Guo Z H, Wu J, Lu H Y, et al. 2011. A case study on a hybrid wind speed forecasting method using BP neural network. Knowledge-Based Systems, 24(7): 1048-1056.

Li T, Cai S M, Yang H D, et al. 2009. Fuzzy comprehensive-quantifying assessment in analysis of water quality: A case study in Lake Honghu, China. Environmental Engineering Science, 26(2): 451-458.

第八章

围填海作用下海域承载力评价与预警

近岸海域海洋资源、生态、环境、经济各要素间既相互影响又相互作用。社会经济发展消耗利用海洋资源的同时，其运行产生的工业污水、排放的固体废弃物也影响着海洋生态环境。人类社会是海洋资源、生态和环境系统的一个重要组成部分，更是实现海洋经济可持续发展的重要支撑部分。在海洋资源、生态和环境系统中，人类社会一方面为海洋经济发展提供了必要的劳动力、技术和政策支持，另一方面，人类社会、经济的发展又对海洋资源、生态环境造成了一定程度的破坏，如果超过一定的限制值，人类社会和经济活动必然会遭到自然规律的惩罚。

目前，国内外关于海洋资源、生态、环境承载力的研究并不多，尚无统一和成熟的方法，关于承载力的标准界定也比较模糊，进行多指标、多级别的综合评价是目前关于海洋经济、资源、生态环境承载力研究应用比较广泛的一种思路。秦娟（2009）《沿海省市海洋环境承载力测评研究》一文中对比分析了我国沿海省份海洋环境承载力的高低；谭映宇（2010）和狄乾斌等（2004）采用状态空间评价模型，确定了海洋资源、生态和环境承载力的理想状态值，得到了研究区海域各年份海洋资源、生态和环境承载力的具体数值，由此确定了研究区域处于可承载、临界承载或超承载的发展状态。但由于海洋资源、生态、环境承载力的特殊性，目前尚未形成普遍适用的海洋资源、生态和环境承载力评价的指标体系，目前的研究也主要局限于对承载力的内涵进行定义，对可承载、临界承载、超承载状态进行定性描述，缺乏对承载力可承载、临界承载、超承载发展状态进行详细测度的定量方法，因此影响了人们对海洋资源、生态、环境承载状况的认识与判断。随着我国海域开发利用强度的不断加大，加强海域开发利用管理成为全社会的共识，海洋功能区划依据《中华人民共和国海域使用管理法》确定的海域使用管理的重要技术依据，也是开展海域开发利用承载力评价的重要依据，本章将建立一种基于海洋功能区划的海域开发承载力评价方法，并以锦州湾近岸海域为例，构建海域开发利用承载力评价指标体系与评价标准，以此为基础计算基于海洋功能区划的海域开发利用承载力指数。

第一节　围填海对海洋资源、生态、环境的影响及其作用研究

一、围填海对海洋资源的影响

海洋资源指的是人们能够利用的存在于海岸带和海洋中一切能量、物质和空间的总和。依据海洋资源的不同特点，可以将海洋资源划分为不同的类型，包括生物资源、空间资源、港口航道资源、旅游资源、渔业资源和其他海洋矿产、能源、海水资源等。

1. 对海洋生物资源的影响

围填海开发活动所占用的水域大部分为浅海区，因该区域内的海洋生物资源较为丰富，所以围填海活动的开展对此区域内的生境影响较为严重，在某些区域，底质环境的破坏也较为明显，其中对大部分底栖生物群落的破坏是不可逆转的。尤其在围填海工程的施工期间对海洋生物会造成很大的损害，首先，施工期间海水中悬浮物大量增加，海水透明度下降，其阻碍海水中的浮游植物进行光合作用，从而减少单位水体内的浮游植物数量；其次，悬浮的颗粒附着在浮游动植物表面，会干扰掠食性生物的正常摄食生理机能，造成海洋生物锐减，海洋生物多样性下降。

2. 对旅游资源的影响

近些年随着旅游业的兴起，海岛风景、天然湿地等自然景观因其具有较高的美学价值和经济价值，从而使独具特色的海洋旅游发展起来，并且其在世界旅游业中占据着举足轻重的地位。但随着围填海工程的不断推进，受损的海岸景观资源数不胜数，这些工程在对海洋自然景观造成破坏的同时也弱化了海洋休闲娱乐功能。例如，中国南方海域的红树林、珊瑚礁海岸，既是独特的自然

风光又是珍贵的生态系统，但因围填海活动造成的过度砍伐，使沿海天然红树林面积骤然萎缩，景观价值也随之消失。福建兴化湾围填海工程造成该地区滩涂湿地大面积的缩减，并使该区域景观自然性严重受损。大连的浮渡河口、小窑湾登沙河口等具有较高海岸景观资源价值的区域，因围填海工程受到不同程度的破坏，围填海工程严重影响了这些海岸区域的自然风光。青岛胶州湾的部分滨海湿地因其独特的地理位置，被开发为房地产和工矿企业，随之产生了许多生活垃圾，该区域的自然景观价值几乎消失殆尽。

3. 对渔业资源的影响

俗话说“靠山吃山，靠海吃海”，从海洋中所捕捞的海产品为人类生活提供了大量的食物来源，海洋渔业资源为沿海地区带来巨大经济效益的同时，也对其造成损害，辽东湾、滦河口、渤海湾、莱州湾、海州湾、长江口、舟山、珠江口等著名渔场的渔业资源受损严重，几近枯竭，许多重要的鱼类、虾蟹类、贝类彻底消失。近年来，我国近海渔业资源的状况不容乐观，造成此现象的原因有很多，一方面是长期无秩序的过度捕捞，不断加剧海洋环境的污染，损害了渔业的再生能力；另一方面更重要的则是围填海工程的实施，对鱼虾类的栖息地、育幼场等场所进行大面积的掩埋或挤占，使得鱼虾类的栖息场地遭到了严重的破坏，影响了鱼类的洄游规律，使海湾生物资源减少、渔业资源受损，如庄河市蛤蜊岛曾享有“东方蚬库”的美名，但由于防潮堤的建设，如今的“东方蚬库”已不复存在（狄乾斌和韩增林，2008）。

4. 对港口航道资源的影响

随着现代交通运输的不断发展，港口作为重要的交通枢纽，已然成为各种交通工具的转换中心，大量的货物聚集在此，成为拉动海洋和腹地经济发展的纽带，对城市经济和区域经济的发展起着重要的作用。但一些围填海工程因规划不合理对发展成熟的港口资源造成了破坏，影响了当地海洋经济的可持续发展，例如，厦门港曾因填海造陆使其有效面积减少达一半之多，港池和航道分别出现明显的淤积状况，影响客船及货船的正常运转，使厦门市航运业和综合实力受到很大的影响；伶仃洋东岸曾因无序的填海造陆行为导致泥沙淤积严重，其对运输航线造成了极大的影响。

但围填海活动并非一无是处，有一些天然的海床因原有水深不够，不能满足大量航行的需求，但经合理规划的围填海活动开发后，改变了水流、泥沙及潮流流速，这不仅能够提高港口的吞吐量，还能增加港口货物、旅客的流动量和数量，从而促进当地经济的发展。

5. 对空间资源的影响

围填海工程被认为是影响海洋空间资源最大的用海方式之一，在实施过程中将会造成海岸线缩短、海湾面积减小及海岛独立性丧失等问题。首先，海岸线是海陆长期作用所形成的自然海岸形态,作为海岸空间资源的基本组成要素，海岸线对维持海洋环境稳定性及海岸带生态系统平衡具有重要作用，而围填海活动则大多采取的是截弯取直等严重破坏自然海岸线的施工方式，使自然海岸线遭到破坏，海岸线长度锐减，并且这些破坏将很难恢复和再造。全国各地用海规划的相关数据显示，预计到 2020 年中国沿海地区还将再占用 1100～3000 千米的海岸线。其次，在海湾方面，海湾内部多采取截弯取直式的填海，以获取最大的填海面积，这造成了海湾空间的萎缩甚至消失，例如，山东青岛胶州湾海域围填海活动使海域面积从 1928 年的 5.6 万公顷缩减为 2010 年的 3.88 万公顷，缩减了大约 31%，围填海活动是造成胶州湾面积减小的主要原因（刘洪斌，2009）。另外，围填海活动造成诸多海岛与陆地相连，使海岛独立性消失，如围填海活动已导致辽宁省的 104 个岛屿与陆地相连，从而使这些海岛丧失了独立性。

二、围填海对生态服务功能的影响

海洋生态指的是海洋环境与海洋生物之间及海洋各类生物之间的相互关系，主要包括海水增养殖、海洋渔业资源产卵场、滨海湿地、珍稀和濒危海洋生物、海洋浮游动物、海洋浮游植物、海洋底栖生物等。围填海工程大都分布在海岸带及浅海地区，此地区有多种不同类型的海洋生态系统，如湿地、海滩、岛屿、珊瑚礁、沼泽地、近岸水域等，这些生态系统为人类提供了丰富的物质资源，如食品、药品、矿产等。但围填海作为缓解沿海地区用地供求矛盾和扩大社会发展空间的有效途径之一，在带来巨大社会和经济效益的同时，也对围填海周边区域的海洋生态服务功能带来了多方面的不可逆转的负面影响，综合分析后具体归纳为以下几点。

1. 海洋浮游动物

浮游动物是一种悬浮在水中的水生动物，在海洋食物链中扮演着重要角色，是许多小型鱼类的饵料，通过捕食浮游植物，控制其数量，进而起着调节海洋生态系统结构的作用。围填海建设会增加海水中的悬浮物，悬浮颗粒附着在浮游动物体表面，干扰浮游动物自身的生理机能，降低其摄食率、密度、生产量等，从而使浮游动物死亡率提高。并且在围填海期间，水中悬浮物的增加会使水体的透明度降低，对于一些依据光线强弱变化有昼夜迁移习性的桡足类动物来说，会破坏其生活习性，进而破坏其生理机能。

2. 海洋浮游植物

浮游植物是测量水质的指标之一，水域水质如何，与浮游植物的丰富程度和分布状况有着密切的联系，同时，浮游植物也是水中溶解氧的主要供应者，起到为水中的其他生物提供能量转换、物质循环、信息传递的作用。最重要的是，浮游植物是水域生态系统食物网的初级生产者，作为鱼类等高层营养者的食物，其质量的好坏完全可以对鱼类等浮游动物的资源量产生很大的影响。围填海建设会导致海水中的悬浮颗粒增加，海水透明度降低，溶解氧含量减少，浮游植物的生理功能遭到破坏，不利于浮游植物进行光合作用，影响浮游植物的生长率、存活率，从而间接对海域的生态系统造成影响。

3. 海洋底栖生物

大型底栖动物是海洋生态系统中物质循环和能量流动中的转移者，围填海活动对底栖生物的威胁则更加直接。首先，施工过程中的吹填、掩埋等活动会对底栖生物的摄食、挖穴等活动造成干扰；其次，在围填海活动结束后的一段时间里，靠近围填区海域的底栖群落的生境破坏，会造成底栖生物数量的减少，甚至导致海洋生物群落结构发生演替变化，甚至完全消失。

4. 海岸生态系统

围填海活动占据滩涂湿地和近岸海域等海岸带空间，会改变围填海附近区域的地形、地貌及海岸线的走向，对整片海域的水动力条件造成影响。地处近海岸地区的滨海湿地、红树林、河口、海湾等都是海洋生态系统中不可或缺的重要组成部分，围填海活动使海洋生态系统不断向海推进，随着对海洋污染强度的不断增加，海洋生态系统的结构被改变，海洋生态系统的正常循环受到干扰，从而使海洋生态服务功能衰减。围填海活动常常会导致滨海湿地面积减少，滩涂湿地遭到大面积损害，从而造成海湾自净能力减弱、生态环境退化、海洋渔业资源及生物多样性减少、海湾景观受损、港口航道海洋泥沙的淤积、沙滩退化等一系列负面影响。

三、围填海对环境的影响

1. 对水动力与沉积环境的影响

围填海活动一般会通过影响港湾的容量、面积、纳潮量等，来改变潮流和泥沙的运移方向，最终对潮汐通道、港口航道、海洋水质造成影响。港湾的纳潮量是反映湾内水体与外界海水交换的重要参数，一般情况下，围填海活动会使海湾的纳潮量减小，海水的交换能力降低，海湾海水对污染物的稀释能力变弱，最终影响海水的自净能力。但较少发生的一种情况是，围填海活动使纳潮量不但没有减小反而扩大了，例如应秩甫等（1990）曾对湛江海湾的围海造陆和潮汐通道之间的关系进行探讨，得出围填海反而扩大了其纳潮量，使湛江海湾成为有巨大纳潮量的潟湖型潮汐通道系统的结论。因此，港湾纳潮量的变化取决于围填海活动是否规划合理。围填海因其施工面积范围的大小对海域潮流流向、流速等水动力条件造成的影响也是不同的，一般围填海施工面积越大，对该海域潮流流速、流向影响越大，导致海湾潮汐及泥沙动力环境迅速改变，对海湾内泥沙及悬浮物的运移产生影响,使运移速度加快或大量堆积在海湾内，最终造成泥沙淤积、航道阻塞、港湾萎缩等问题。

2. 对水质环境的影响

水质环境指的是自然界中水体形成、分布、转化所处空间的环境，与人类活动相互作用，彼此产生直接或间接的影响。在近海区域，水质环境的好坏已经成为综合评价海洋环境影响的重要指标。影响水质环境的因素有很多，首先体现在围填海活动在污染运移方面的影响，一方面是在围填海过程中海水水动力的衰减对海洋环境产生的影响，可直接导致海湾纳潮量减少，海水交换能力降低，使海水对污染物的稀释能力大大降低，自净能力变差；另一方面则是工业和城镇的发展向海水中排放废水和废物，以及重金属元素等污染物不断在土壤富集，在淋滤、氧化和陆相水补给的综合影响下，这些污染物直接进入海湾水体，不断加剧海水水体的污染程度，直接导致海洋环境质量的下降。

第二节　围填海格局变动下海域承载力评价及预警

一、基于海洋功能区划的海域承载力评价及预警

1. 评价方法

海域使用分类将我国的海域使用划分为渔业用海、交通运输用海、工业用海、旅游娱乐用海、海底工程用海、排污倾倒用海、造地工程用海和特殊用海共 8 个一级海域使用类型与 25 个二级海域使用类型（苗丰民等，2011），具体分类见表 8.1。为了全面客观地反映各类海域开发利用活动对海域资源的耗用程度，本书采用专家打分法，以打分表的形式咨询熟悉海域开发与管理领域的 36 位专家，邀请专家对各二级海域使用类型的海域资源耗用程度进行打分，分值范围为 0～1。剔除明显不合理的打分，统计分析专家打分结果，取每类海域使用类型的专家打分的平均值为该海域使用类型的海域资源耗用系数。

表 8.1　海域使用分类体系及海域资源耗用系数

海域使用一级类	海域使用二级类	l_i
渔业用海	渔业基础设施用海	1.00
	围海养殖用海	0.80

续表

海域使用一级类	海域使用二级类	l_i
渔业用海	开放式养殖用海和人工鱼礁	0.20
交通运输用海	港口用海	0.80
	航道	0.50
	锚地	0.30
	路桥用海	0.40
工业用海	盐业用海	0.80
	临海工业用海	1.00
	固体矿产开采用海	0.20
	油气开采用海	0.20
旅游娱乐用海	旅游基础设施用海	1.00
	浴场用海	0.20
	游乐场用海	0.20
海底工程用海	电缆管道用海	0.20
	海底隧道用海	0.20
	海底场馆用海	0.20
排污倾倒用海	倾倒区用海	1.00
	污水达标排放用海	0.60
造地工程用海	城镇建设填海造地用海	1.00
	农业填海造地用海	0.80
	废弃物处置填海造地用海	1.00
特殊用海	科研教学用海与军事用海	0.50
	海洋保护区用海	0.10
	海岸防护工程用海	0.10

注：临海工业用海包括船舶工业用海、电力工业用海、海水综合利用用海及其他工业用海。

以每类海域使用类型用海面积及海域资源耗用系数为基础，构建海域开发强度指数为

$$P_E = \frac{\sum_{i=1}^{n}(S_i \times l_i)}{S_1} \quad (8.1)$$

式中，P_E为海域开发强度指数，n为海域使用类型数，S_i为第 i 种海域使用类型的用海面积，S_1为评价单元海域使用的总面积，l_i为第 i 种海域使用类型的资源耗用系数（表 8.1）。

2. 评价标准

海洋功能区划是海洋空间开发利用管理的基本依据。海洋功能区划将海洋空间划分为农渔业区、港口航运区、工业与城镇建设区、矿产与能源区、旅游娱乐区、海洋保护区、特殊利用区和保留区共八个一级海洋基本功能区，并根据每类海洋基本功能区的开发利用与保护目标，提出禁止改变海域自然属性、严格限制改变海域自然属性和允许适度改变海域自然属性等管控要求（关道明等，2016）。

海洋功能区划对各类海洋基本功能区海域空间开发利用与保护的管控要求为：①农渔业区，主要允许开展以农渔业资源开发利用为主的用海活动，包括渔业捕捞、渔业增养殖、渔业品种养护，以及有限的渔业基础设施建设和农业围垦；②港口航运区，主要允许开展以港口航运为主的开发利用活动，允许适度改变海域自然属性，修建港口码头基础设施；③工业与城镇建设区，主要为工业发展和城镇拓展用海区，允许填海造陆等完全改变海域自然属性的用海活动；④矿产与能源区，主要为开发海洋矿产与能源资源的用海区，允许为开发海洋矿产与能源资源而有限改变海域自然属性，修建海洋矿产与能源资源开发辅助技术设施；⑤旅游娱乐区，主要为发展海洋旅游娱乐产业的用海区域，允许有限改变海域自然属性，建设旅游娱乐基础设施；⑥海洋保护区，以保护海洋生态环境和自然资源为主，在实验区允许少量开发活动；⑦特殊利用区，为海洋资源的特殊利用设置的功能区，允许为利用海洋空间而少量改变海域自然属性；⑧保留区，为保留有待以后利用的海洋空间，要求逐步降低开发利用强度。

针对以上各类海洋基本功能区对海域开发利用活动的管控要求，同时咨询专家建议，建立了各类海洋基本功能区海域允许开发利用因子，具体见表 8.2。以海洋功能区划矢量数据为基础，结合每类海洋基本功能区的允许开发利用因子，建立海域空间开发利用标准如下（曹可等，2017）。

$$P_{M0} = \frac{\sum_{i=1}^{\delta} h_i a_i}{S_2} \tag{8.2}$$

式中，P_{M0} 为海域空间开发利用标准；a_i 为第 i 类海洋基本功能区面积，S_2 为评价单元海域总面积，由省级海洋功能区划数据获得；h_i 为第 i 类海洋基本功能区的允许开发利用因子。

表 8.2　各海洋功能区及允许开发利用因子

海洋功能区类型	海洋功能区允许的海洋开发程度	允许开发利用因子
农渔业区	允许有限改变海域自然属性，并符合海洋主体功能区规划的管控要求	h_i=0.60
港口航运区	允许有限改变海域自然属性，并符合海洋主体功能区规划的管控要求	h_i=0.70
工业与城镇建设区	允许填海造陆等完全改变海域自然属性的用海活动，但比例不能超过60%，并符合海洋主体功能区规划的管控要求	h_i=0.60
矿产与能源区	允许有限改变海域自然属性，并符合海洋主体功能区规划的管控要求	h_i=0.60
旅游娱乐区	允许有限改变海域自然属性，并符合海洋主体功能区规划的管控要求	h_i=0.60
海洋保护区	不允许改变海域自然属性，实验区允许适度开发利用	h_i=0.20
特殊利用区	允许少量改变海域自然属性，并符合海洋主体功能区规划的管控要求	h_i=0.40
保留区	不允许改变海域自然属性，逐步降低开发强度	h_i=0.10

3. 海域开发利用承载力评价

海域开发利用承载力评价亦即评价海域开发利用活动的承载力程度，这里的承载对象是各类海域开发利用活动，承载体是海域空间资源。以海域开发利用实际情况作为海域开发利用承载的度量对象，以海洋功能区划确定的海域开发利用允许程度作为海域开发利用承载力评价的基本标准，建立海域开发承载力指数如下（狄乾斌等，2004）：

$$R = \frac{P_E}{P_{M0}} \tag{8.3}$$

式中，R 为海域开发承载力指数，P_E 为海域开发强度指数，P_{M0} 为海域空间开发利用标准。

根据区域海域开发承载力指数 R 值的大小，利用 ArcGIS 自然断点法，将海域开发承载力状况划分为不超载、临界超载、超载三个等级，并进一步将超载分为极重警、重警两级，将临界超载分为中警、轻警两级，不超载为无警，具体划分依据见表 8.3。

表 8.3　海域开发承载力指数分级与赋值

评估依据	评估结果	预警等级
R<0.95	不超载	无警
1.29>R≥0.95	临界超载	轻警
1.53>R≥1.29		中警
1.92>R≥1.53	超载	重警
R≥1.92		极重警

二、实例应用

1. 研究区概况与数据来源

为方便研究，本书将锦州湾海域分为北、中、南三个区域，北部是以锦州技术开发区为中心的海域，中部是以北港工业区和锦州港为中心的海域，南部是以葫芦岛港为中心的海域。

海域开发利用数据主要来源于国家海域使用动态监视监测系统中的海域使用确权数据，海洋功能区划数据来源于国务院批复的《辽宁省海洋功能区划（2011—2020 年）》的矢量数据。

2. 锦州湾用海现状分析

2007 年锦州湾近岸海域开发利用面积为 4566.25 公顷，用海面积从大到小依次排列为中部、南部、北部，中部地区占锦州湾总用海面积的 50%左右，南部和北部地区分别约占 31.2%和 18.9%（表 8.4）。其中主要的开发利用类型有渔业用海（围海养殖、开放式养殖、渔业基础设施）、港口用海、盐业用海和城镇建设用海，锦州湾 2007 年渔业用海面积 2160.02 公顷，约占锦州湾总用海面积的 47.3%，围海养殖和渔业基础设施用海主要集中在锦州湾中部和北部，锦州湾开放式养殖的主要形式是底播养殖，主要集中在南部地区，北部和中部也有分布；2007 年锦州湾港口用海面积达 683.89 公顷，由于锦州湾中部和南部分别建设有锦州港和葫芦岛港，因此港口用海主要分布在中部和南部，分别是 410.94 公顷和 272.95 公顷；锦州湾盐业用海主要分布在中部地区，达 654.48 公顷，占盐业用海总面积的 96.6%左右，还有少量分布在北部地区；2007 年锦州湾城镇建设用海面积共 659.57 公顷，北、中、南地区分别约占 14.8%、41.2% 和 44.0%。

表 8.4　锦州湾海域开发利用状况　　单位：公顷

项目	锦州湾		北部		中部		南部	
	2007 年	2014 年	2007 年	2014 年	2007 年	2014 年	2007 年	2014 年
总面积	4566.25	3755.29	862.36	283.26	2280.74	1569.63	1423.15	1902.40
围海养殖	597.88	0	282.69	0	315.19	0	0	0
开放式养殖	1534.29	0	338.32	0	336.84	0	859.13	0
渔业基础设施	27.85	29.60	17.34	29.60	10.51	0	0	0
航道	243.92	0	0	0	243.92	0	0	0
港口用海	683.89	1396.75	0	49.82	410.94	335.18	272.95	1011.75
科研教学用海	27.92	0	27.92	0	0	0	0	0
盐业用海	677.33	22.92	22.85	22.92	654.48	0	0	0
城镇建设用海	659.57	392.57	97.65	30.00	271.84	362.57	290.08	0
海水浴场	75.60	0	75.60	0	0	0	0	0
旅游基础设施用海	25.88	96.09	0	46.44	25.88	0	0	49.65
电缆管道用海	11.14	0	0	0	11.14	0	0	0
海岸防护工程用海	0	4.74	0	0	0	4.74	0	0
临海工业用海	0	1421.45	0	0	0	823.47	0	597.98
锚地用海	0	156.32	0	0	0	0	0	156.32
路桥用海	0	191.18	0	104.48	0	0	0	86.70
油气开采用海	0	43.67	0	0	0	43.67	0	0

随着城市经济的发展，2014 年锦州湾总用海面积达 3755.29 公顷，比 2007 年减少了 810.96 公顷，北部和中部地区用海面积都不同程度减少，只有南部地区用海面积增加了 479.25 公顷，南部成为锦州湾用海面积最大的地区。同时海域开发利用类型更加多样化，养殖用海和盐业用海面积大量减少，城镇建设用海面积也有所下降，港口用海面积大量增加，新增了大量临海工业用海以及海岸防护工程用海、锚地用海、路桥用海、油气开采用海等。2014 年锦州湾港口用海面积比 2007 年增加了 712.86 公顷，达到 1396.75 公顷，增加区域主要集中在南部的葫芦岛港附近海域；锦州湾的临海工业用海主要是船舶工业用海和

其他工业用海，2007～2014年锦州湾新增临海工业用海共1421.45公顷，主要分布在中部和南部地区，其利用面积分别是823.47公顷、597.98公顷；2014年锦州湾海域利用类型还新增加了海岸防护工程用海、锚地用海、路桥用海及油气开采用海，这四种海域使用类型面积一共是395.91公顷，占总用海面积的11%左右。

3. 锦州湾海域开发利用管理要求

从表8.5锦州湾海洋功能区划类型及面积数据可知，锦州湾海域主要开发利用基本功能区有农渔业区、港口航运区、工业与城镇用海区、旅游休闲娱乐区、海洋保护区、特殊利用区和保留区七种类型，共32 507.48公顷，港口航运区、旅游休闲娱乐区和工业与城镇用海区分别约占总面积的45.1%、14.9%和9.9%，是锦州湾海洋功能区划的主要类型。锦州湾南部海洋功能区面积最大，达17 123.65公顷，特殊利用区面积为1782.30公顷，并全部分布在南部地区，港口航运区面积约82.8%分布在南部，此外南部还分布有一小部分的旅游休闲娱乐区、保留区和工业与城镇用海区；锦州湾中部地区各类海洋功能区面积共为9662.00公顷，其主要的海洋功能区类型是保留区、工业与城镇用海区和港口航运区，分别占中部地区总面积约36.3%、28.4%和26.2%，同时锦州湾工业与城镇用海区和海洋保护区大多都分布在中部，这两类海洋功能区分布在中部的面积分别约占其总面积的85.3%和80.5%，保留区总面积约48.9%也分布于此，中部地区还分布着部分港口航运区和旅游休闲娱乐区；锦州湾北部海洋功能区面积为5721.84公顷，其中旅游休闲娱乐区面积达3990.46公顷，是北部最主要的海洋功能区类型，锦州湾旅游休闲娱乐区总面积约82.3%和全部的农渔业区都分布在北部地区，同时北部地区也分布着部分工业与城镇用海区、海洋保护区和保留区。

表8.5 锦州湾海洋功能区划类型及面积 单位：公顷

地区	总面积	农渔业区	港口航运区	工业与城镇用海区	旅游休闲娱乐区	海洋保护区	特殊利用区	保留区
锦州湾	32 507.50	240.92	14 663.45	3 219.05	4 849.79	576.88	1 782.30	7 175.11
北部	5 721.84	240.92	0	462.02	3 990.46	112.33	0	916.11
中部	9 662.00	0	2 528.87	2 746.67	415.21	464.55	0	3 506.70
南部	17 123.66	0	12 134.58	10.36	444.12	0	1 782.30	2 752.30

4. 锦州湾海域开发利用承载力评价

运用海域承载力评价方法，计算得出锦州湾海域开发承载力指数，如表 8.6 所示，2007 年和 2014 年锦州湾海域开发承载力指数整体呈上升趋势，说明随着时间的推移，锦州湾近海岸开发利用强度不断加大，单位海域面积承载了更多的海域开发利用活动。分析锦州湾海域开发利用的状况可知，2007 年锦州湾海域使用类型主要是开放式养殖用海、盐业用海以及围海养殖用海，其资源耗用系数较低，分别是 0.2、0.8 和 0.8，由于这三种用海类型面积的大量减少，总体上2014年锦州湾的海域开发利用面积要小于2007年的海域开发利用面积，同时 2014 年锦州湾新增了许多临海工业用海和港口用海，使之成为锦州湾主要的用海类型，这两类海域使用方式的资源耗用系数较高，分别是 0.8 和 1，所以 2014 年锦州湾海域开发强度指数整体高于 2007 年。锦州湾中部海域开发强度指数从 2007 年的 0.703 上升到 2014 年的 0.932，一直高于北部和南部地区，2007 年锦州湾北部和南部的海域开发强度指数分别是 0.545 和 0.478，2014 年锦州湾南部地区新增了大量的港口用海、临海工业用海和锚地用海，致使南部地区海域开发强度指数迅速增加并超过北部地区，2014 年锦州湾北部和南部的海域开发强度指数分别为 0.727 和 0.809。

表 8.6 锦州湾海域开发承载力指数

年份	区域	P_E	P_{M0}	R	评估结果	预警等级
2007	总体	0.600	0.521	1.152	临界超载	轻警
	北部	0.545	0.512	1.064	临界超载	轻警
	中部	0.703	0.425	1.653	超载	重警
	南部	0.478	0.570	0.839	不超载	无警
2014	总体	0.854	0.521	1.639	超载	重警
	北部	0.727	0.512	1.419	临界超载	中警
	中部	0.932	0.425	2.191	超载	极重警
	南部	0.809	0.570	1.420	临界超载	中警

为直观地表现锦州湾海域承载力变化特点以及各区域之间的差异，绘制了图 8.1，2007 年锦州湾海域开发承载力指数为 1.152，属于临界超载范畴，预警等级为轻警，到 2014 年锦州湾海域开发强度指数从 0.600 上升到 0.854，致使

海域开发承载力指数由临界超载变为超载，预警等级从轻警变为重警，从图 8.1 中看出，锦州湾北、中、南部海域承载力都有不同程度的增加，中部地区是锦州湾海域承载力水平最高的地区，超过锦州湾整体水平，2014 年中部地区海域开发承载力指数从 2007 年的 1.653 增加到 2.191，上升了 32.5%左右，是三个地区变化速率最小的，评估结果一直处于超载，预警等级从重警变为极重警，中部地区是锦州湾近海岸承载力预警等级唯一达到极重警的地区；锦州湾南部地区海域开发承载力指数从 2007 年的 0.839 增加到 2014 年的 1.420，增加了 69.2%左右，南部地区是锦州湾海域承载力水平上升最快的地区，与其海域使用面积变化情况相吻合，评估结果从不超载变为临界超载，预警等级从无警变为中警；锦州湾北部地区是锦州湾海域使用面积最小的区域，2007～2014 年北部地区海域开发承载力指数从 1.064 增加到 1.419，变化速率为 33.4%左右，海域承载力评估结果一直是临界超载，预警等级从轻警变为中警。

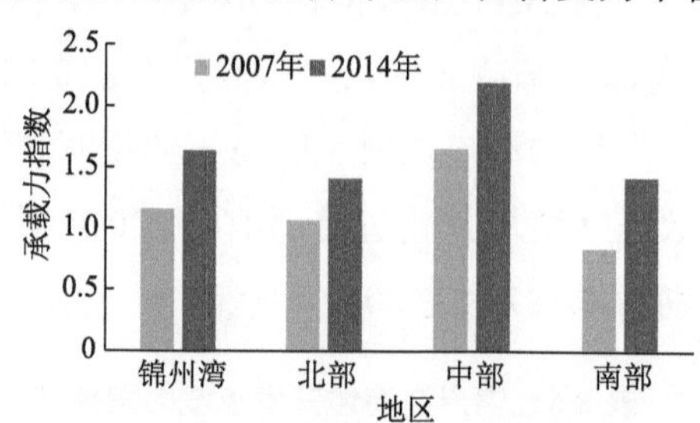

图 8.1 锦州湾海域承载力趋势图

三、结论与讨论

经过上述对锦州湾海域开发强度指数和承载力指数的研究与分析，得出以下结论。

（1）2007～2014 年，锦州湾海域使用面积减少 810.96 公顷，海域开发强度指数从 0.600 增加到 0.854，海域开发承载力评估结果从临界超载变成超载，说明锦州湾海域开发承载力不断加大，并且其海域使用类型向资源耗用系数高的海域使用类型转变。

（2）锦州湾中部地区的海域开发强度指数和承载力指数都高于北部和南部地区，说明中部地区的海域开发利用活动更强烈，2014 年其海域开发承载力预警等级达到了极重警,需要更加注重合理规划和调整中部地区的海域利用结构。

（3）锦州湾南部地区海域开发强度指数增加速度最快，2007～2014 年南部地区海域开发承载力指数增加了 69.2%左右，北部地区海域开发强度指数增加速度相对平缓，2014 年锦州湾南部和北部海域承载力预警等级都处于中警。

锦州湾海域是我国开发利用海洋资源比较活跃的地区之一，随着海域开发利用活动的不断推进，锦州湾海域利用类型逐渐向交通运输用海、工业用海和旅游娱乐用海转变。这导致锦州湾生态环境更加脆弱，破坏了锦州湾海岸线附近海洋生物的栖息环境，形成了更大的海域资源压力。为此，需要制定合理的锦州湾区域产业发展规划和更加严格的围填海总量控制制度，严格落实海洋主体功能区规划，优化海洋资源开发与保护空间布局，建立有效的海洋资源环境承载力监测、评估与管理体制。

第三节 本 章 小 结

本章对国内外现有的海域开发承载力研究进行了梳理和总结，分析了围填海对海洋资源、生态、环境的影响和作用，确定海域开发强度指数和海域空间开发利用标准,并以此为基础构建了基于海洋功能区划的海域开发承载力指数，以锦州湾近岸海域为例开展了实证评价研究。

参 考 文 献

曹可，张志峰，马红伟，等. 2017. 基于海洋功能区划的海域开发利用承载力评价. 地理科学进展, 36(3): 320-326.

狄乾斌，韩增林. 2008. 大连市围填海活动的影响及对策研究. 海洋开发与管理，25(10): 122-126.

狄乾斌，韩增林，刘锴. 2004. 海域承载力研究的若干问题. 地理与地理信息科学，20(5): 50-53, 71.

关道明，张志锋，杨正先，等. 2016. 海洋资源环境承载能力理论与测度方法的探索. 中国科学院院刊, 31(10): 1241-1247.

刘洪斌. 2009. 山东省海洋产业发展目标分解及结构优化. 中国人口·资源与环境, 19(3): 140-145.

苗丰民, 王权明, 王伟伟. 2011. 我国海域使用现状与发展趋势. 北京: 海洋出版社.

秦娟. 2009. 沿海省市海洋环境承载力测评研究. 中国海洋大学硕士学位论文.

谭映宇. 2010. 海洋资源、生态和环境承载力研究及其在渤海湾的应用. 中国海洋大学博士学位论文.

应秩甫, 王鸿寿, 陈志永. 1990. 粤东汕尾港潟湖—潮汐通道体系的演变及泥沙运动. 海洋学报, 12(1): 54-63.

彩　图

图 4.15　光谱因子 0.1　形状因子 0.9

图 4.16　光谱因子 0.3　形状因子 0.7

图 4.17　光谱因子 0.5　形状因子 0.5

图 4.18　光谱因子 0.7　形状因子 0.3

图 4.19　光谱因子 0.8　形状因子 0.2

图 4.20　光谱因子 0.9　形状因子 0.1

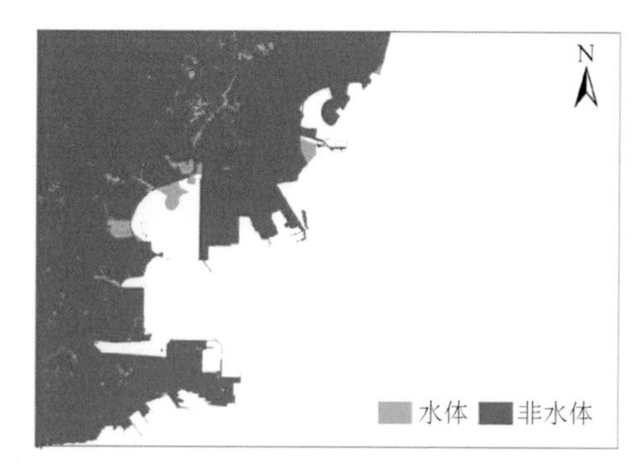

图 4.24　层次 1 分类结果

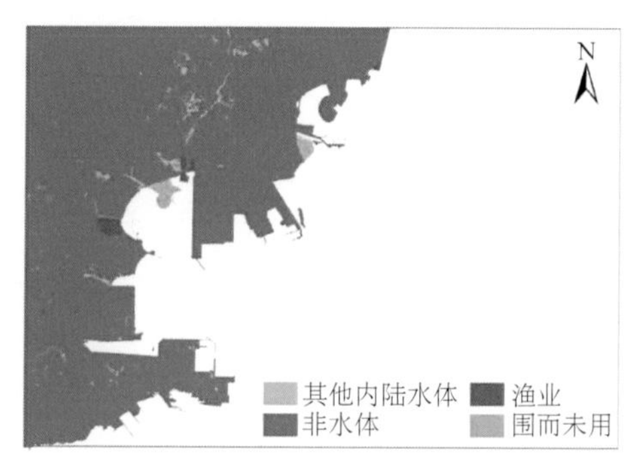

图 4.25　层次 2 分类结果

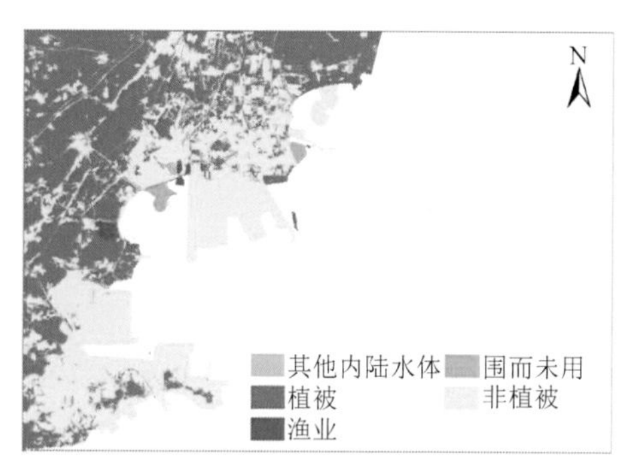

图 4.26　层次 3 分类结果

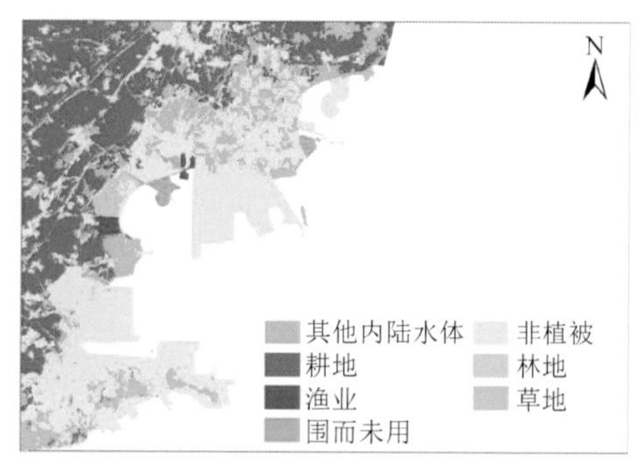

图 4.27　层次 4 分类结果

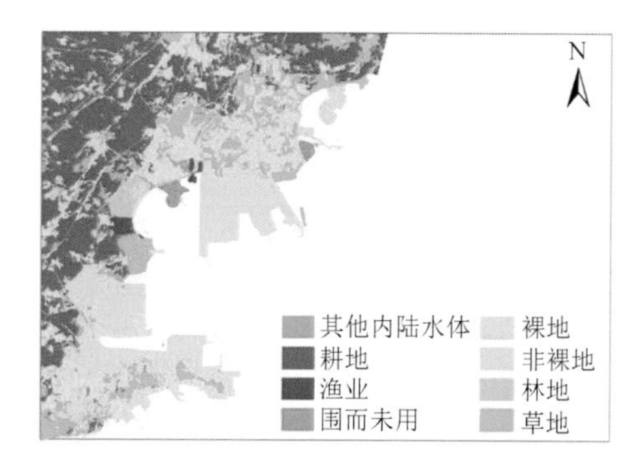

图 4.28　层次 5 分类结果

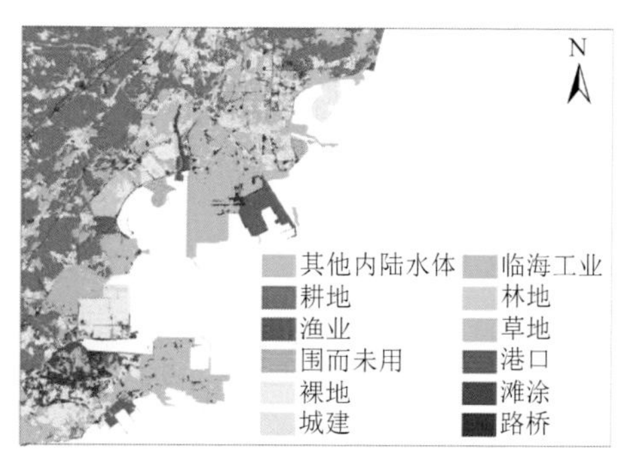

图 4.29　层次 6 分类结果

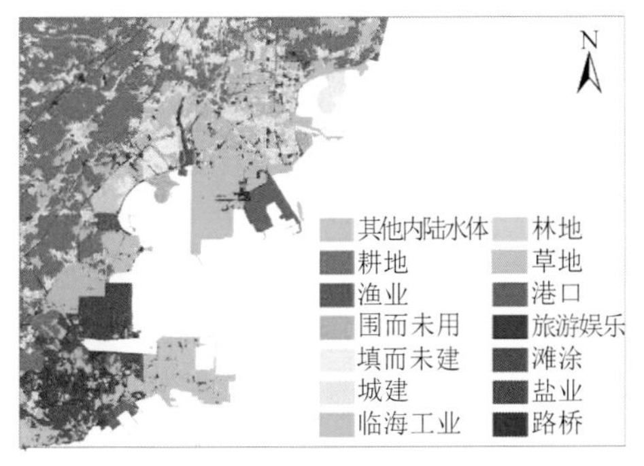

图 4.30　层次 7 分类结果

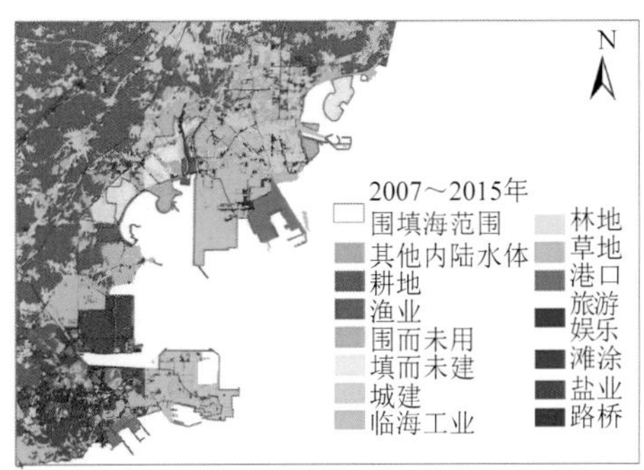

图 4.31　面向对象分类效果示意图

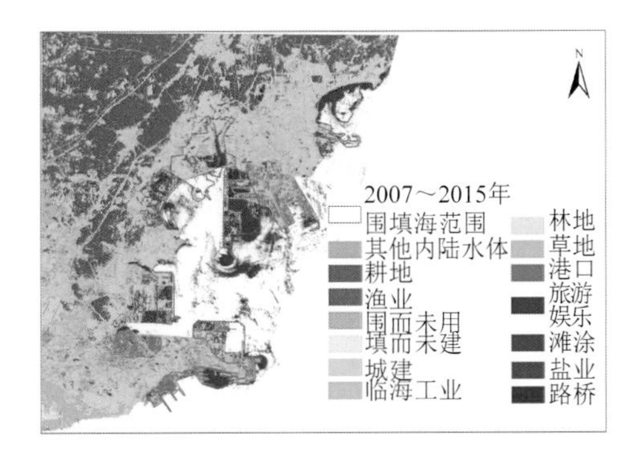

图 4.32　基于像元的分类效果示意图

表 5.2　围填海利用类型划分及其解译标志

Ⅰ级	Ⅱ级	定义	图示	解译标志
渔业用海	围海养殖用海	指围海筑塘用以养殖的海域		一般在沿岸，呈规则的条状，水体呈蓝绿色
工业用海	盐业用海	指工业用海中将海水引进、蒸发、晒盐的平地，多位于滨海		靠近海岸，呈规则的矩形，带有白色点状
交通运输	港口用海	指供船舶停靠、进行装卸作业、避风和调动所使用的海域		在沿岸处，呈几何状，港口多有货船停靠
造地工程用海	城镇建设填海造地用海	为用于大规模城镇建设的人工造地，一般依托海岸线，呈块状分布		依托海岸线，呈块状，连片布置，整体规模很大
未利用	围而未用及填而未用	指已经围海或填海，但尚未实施利用的造地区		呈现白色，没有明显的地物出现

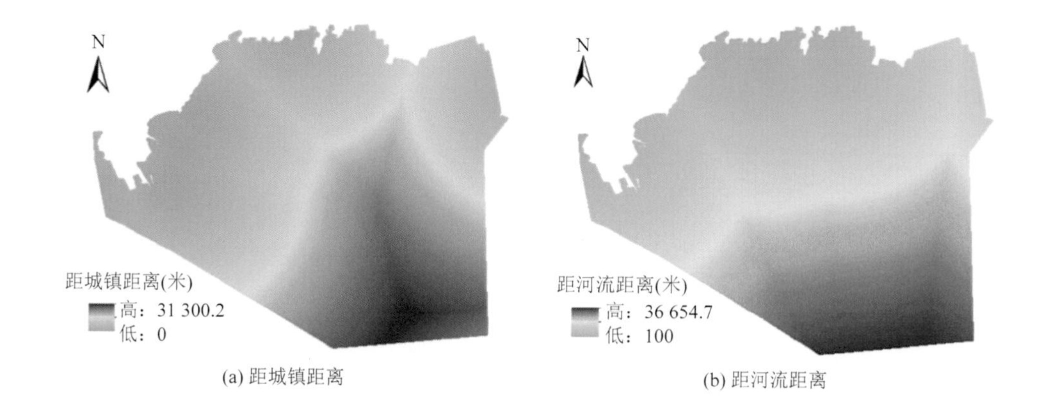

(a) 距城镇距离

(b) 距河流距离

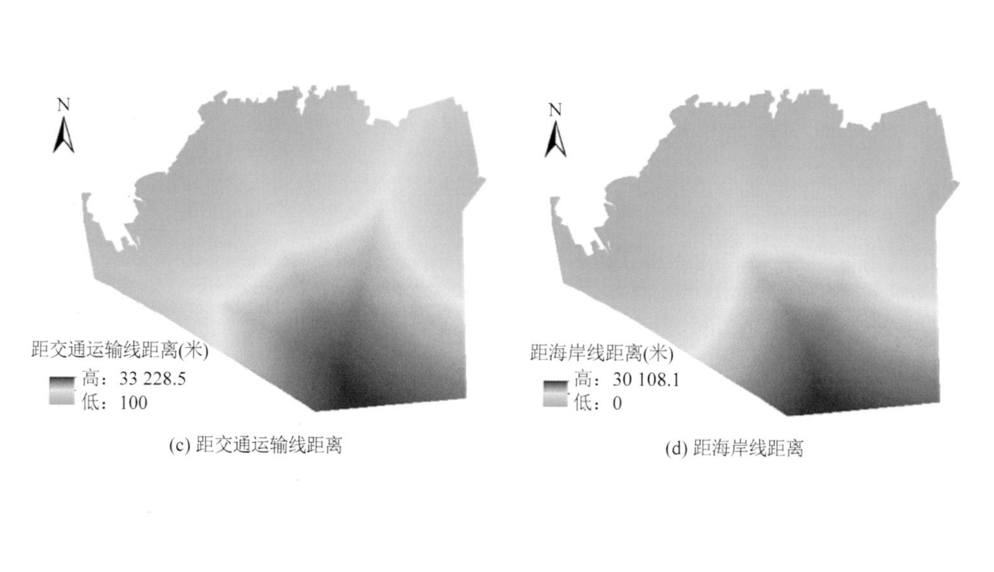

(c) 距交通运输线距离

(d) 距海岸线距离

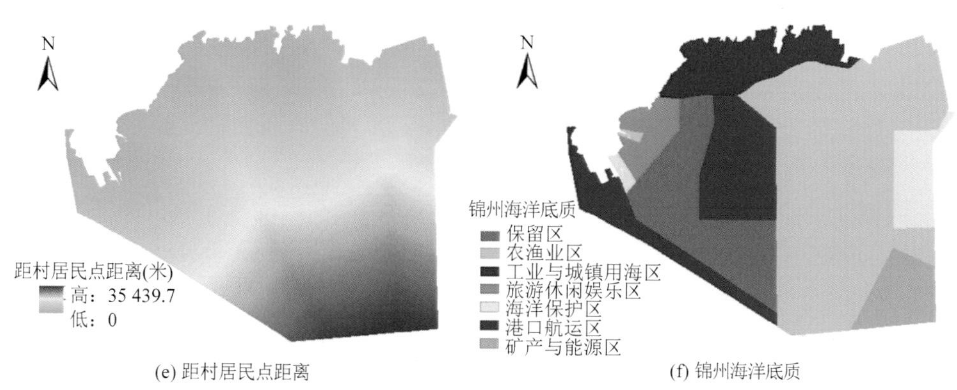

(e) 距村居民点距离

(f) 锦州海洋底质

图 6.1　驱动因子分析示意图

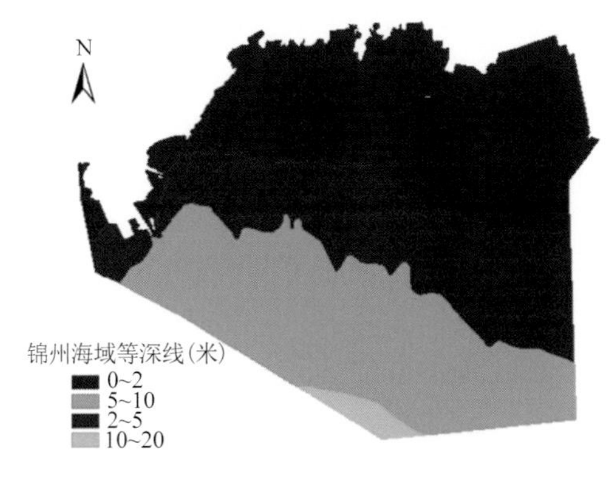

(g) 锦州海域等深线

图 6.1　驱动因子分析示意图(续)

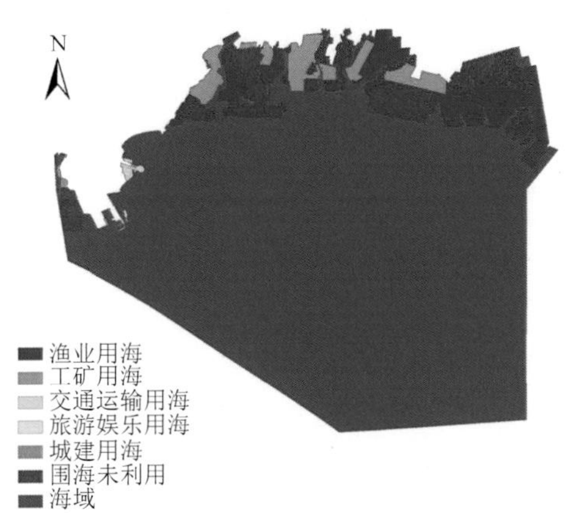

图 6.5　2010 年围填海海域利用类型示意图

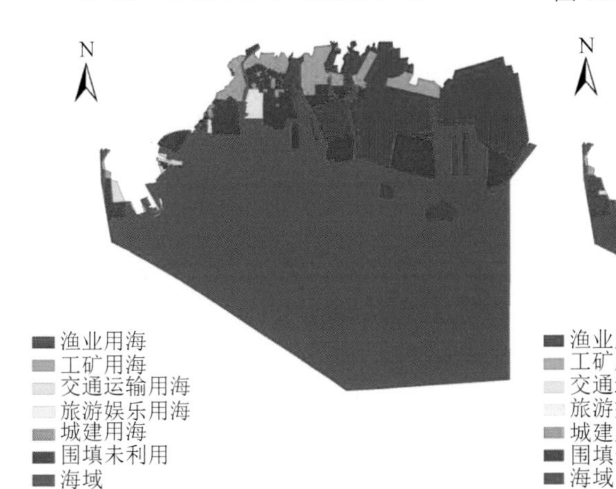

图 6.10　2015 年锦州市海域利用类型模拟示意图

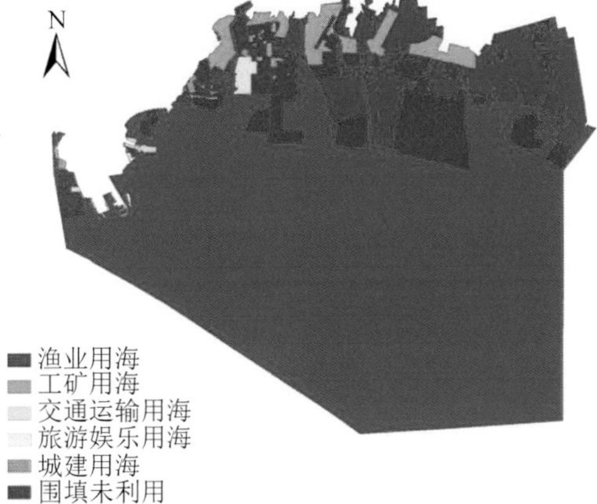

图 6.11　2015 年锦州市海域实际利用类型示意图

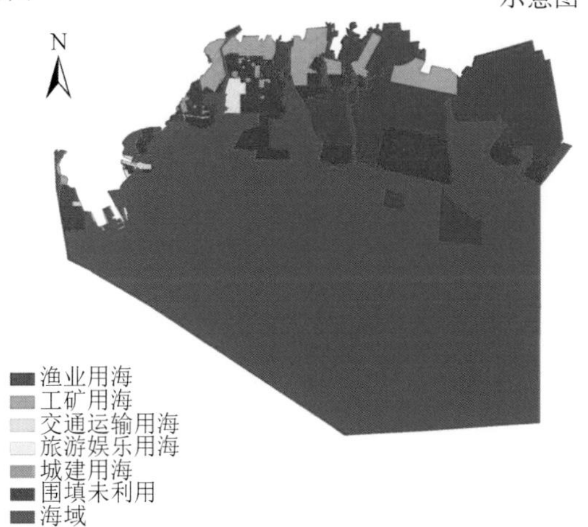

图 6.12　2020 年锦州市海域预测利用类型示意图